G-V 模糊拟阵

李永红　吴德垠　著

科学出版社

北　京

内 容 简 介

本书以图论、拟阵、模糊集为基础. 主要介绍模糊基与模糊圈的性质、判定和算法, 模糊集的秩的性质和算法, 模糊闭集、对偶、超平面的性质和公理系统, 模糊拟阵的结构, 模糊图拟阵等, 最后介绍模糊拟阵的一种推广——G-V 直觉模糊拟阵.

本书可作为数学、计算机科学等专业的研究生和高年级本科生的参考书, 对从事图论、组合最优化等领域的研究人员也有重要的参考价值.

图书在版编目 (CIP) 数据

G-V 模糊拟阵/李永红, 吴德垠著. —北京: 科学出版社, 2019.12
ISBN 978-7-03-063274-6

I. ①G⋯ II. ①李⋯②吴⋯ III. ①模糊集 IV. ①O159

中国版本图书馆 CIP 数据核字 (2019) 第 249526 号

责任编辑: 李 欣 李香叶 / 责任校对: 彭珍珍
责任印制: 赵 博 / 封面设计: 陈 敬

科学出版社 出版
北京东黄城根北街 16 号
邮政编码: 100717
http://www.sciencep.com
北京凌奇印刷有限责任公司印刷
科学出版社发行 各地新华书店经销
*
2019 年 12 月第 一 版 开本: 720×1000 B5
2025 年 1 月第三次印刷 印张: 11 3/4
字数: 237 000
定价: 98.00 元
(如有印装质量问题, 我社负责调换)

前　　言

在现实世界中, 人们会遇到两类常见问题: 一类是离散、组合问题, 这类问题看似简单、平淡无奇, 但实际却较为困难而又引人入胜. 这类问题的解决可追溯到莱布尼茨提出的组合数学和欧拉在解决的七桥问题之后而发展起来的离散数学. 另一类是不确定问题, 这类问题是由现实世界的不确定现象所产生的, 面对不同的不确定现象产生了不同的解决方式, 常用的有随机概率、模糊集、粗糙集、直觉模糊集等.

离散、组合数学主要研究离散对象的计数与设计问题、组合与极值问题等. 其特点是研究方法灵活、内容多样、应用十分广泛, 由于计算机科学的日益发展, 特别是人工智能、大数据的蓬勃发展, 离散、组合数学的重要性更为突出. 图论是离散、组合数学的一个重要分支, 它在物理、化学、运筹学、信息论、控制论、组合优化、网络优化、编码理论、计算机科学等众多学科领域都有广泛的应用. 1935 年, Hassler Whitney 同时推广了图和矩阵的概念, 提出了拟阵. 拟阵理论来源图论, 同时又为解决图论问题提供了更好的方法, 使得拟阵理论不断丰富和发展, 并在组合优化、整数规划、网络流及电网络理论中有了广泛应用.

1965 年, 美国加利福尼亚大学的 L. A. Zadeh 提出的模糊集合理论把数学的应用范围从精确现象扩大到模糊现象, 是研究和处理模糊现象的数学方法, 是继经典数学、统计学之后数学的一个新的发展. 自模糊集合论创立以后, 各学科积极与其交叉结合, 产生了很多研究方向, 目前的研究方向主要包括模糊数学、模糊系统、不确定性和信息、模糊决策、模糊逻辑与人工智能等, 并在物理、化学、自然语言处理、模糊决策、模糊控制等领域都有广泛的应用, 模糊集合的核心思想是把取值仅为 1 或 0 的特征函数扩展到可在单位闭区间 [0, 1] 中任意取值的隶属函数, 隶属函数值反映了对事物肯定或者否定程度. 然而, 人们在对事物的认知过程中, 往往还存在着不同程度的犹豫或表现出一定程度的知识缺乏, 从而使得认知结果表现为肯定、否定和介于肯定与否定之间的犹豫性这三方面.据此, 保加利亚学者 Atanassov 于 1986 年对 L. A. Zadeh 的模糊集进行了拓展, 把传统模糊集推广到同时考虑隶属度、非隶属度和犹豫度这三方面信息的直觉模糊集. 直觉模糊集比传统的模糊集能够更细腻地描述和刻画客观世界的模糊性质.

1988 年, Roy Goetschel 和 William Voxman 将离散、组合数学的重要分支 —— 拟阵和模糊数学相结合提出了模糊拟阵概念. 本书在模糊拟阵的基础上, 总结了作者多年关于模糊拟阵的一些最新研究成果, 对于丰富模糊拟阵理论内容、开拓模糊拟阵的应用起到重要的作用.

本书的出版得到以下基金项目的资助：国家自然科学基金项目 (11671001, 61876201, B2016-06), 教育部人文社科项目 (18YJA630022), 重庆市教委青年基金项目 (KJQN201800624), 重庆邮电大学出版基金项目. 在此深表感谢!

借此机会, 感谢段辉明老师在本书出版经费上的大力支持! 感谢李江、李丽、程亚丽、汪盈、景晓彤、魏巍等研究生在本书编辑工作中给予的大力支持!

感谢科学出版社为本书出版给予的大力帮助!

由于作者才疏学浅、水平有限, 再加上时间仓促, 不妥、错误之处在所难免, 希望能够得到读者的批评指正.

作　者

2019 年 8 月于重庆

目　　录

符 号 说 明

E 非空有限集合

M   拟阵

M 模糊拟阵

Π 模糊图拟阵

I   拟阵的独立集族

Ψ 模糊拟阵的独立集族

$\varnothing$ 模糊空集

$\boldsymbol{B}$ 模糊拟阵的模糊基集

B   拟阵的基集

C 模糊拟阵的模糊圈集

C   拟阵的圈集

$\boldsymbol{H}$ 模糊超平面集

H   拟阵的超平面集

σ 闭包算子或模糊闭包算子

$|A|$ A 的势

R 秩函数

ρ 模糊秩函数

$\sim$ 模糊相关关系

$\forall$ 任取

$\vee$ 取大

$\wedge$ 取小

$\in$ 属于

$\supseteq$ 包含

$\subseteq$ 包含于

⊃　真包含

⊂　真包含于

∪　并

∩　交

第1章 绪 论

G-V 模糊拟阵是对一种离散、组合结构 —— 拟阵和模糊集合理论交叉研究的重要成果.

1.1 研 究 背 景

人类生活的环境极其复杂,充满着诸多不确定性因素,人们对事物的反应和表达也充满着不确定性,比如"年轻的""挺帅的""红色的"等概念就没有明确的内涵和外延,因而是模糊的和不明确的. 这种不确定性通常称为模糊不确定性. 然而,在特定的环境中,人们用这些概念来描述某个具体对象时却又能心领神会,很少引起误解和歧义. 1965 年美国加利福尼亚大学的 L. A. Zadeh 发表了著名论文《模糊集合》,从数学的角度首次提出表达事物模糊性的重要概念:隶属函数. 这是一种描述模糊现象的方法,这种方法把待考察的对象及反映它的模糊概念作为一定的模糊集合,由此来研究客观世界中的大量存在着的亦此亦彼的模糊现象.

模糊集合论的发展仅仅几十年的历史,但其研究人员众多,理论成果非常丰富. 各个学科与其交叉结合,产生了许多研究方向,目前的研究方向主要包括模糊数学、模糊系统、不确定性和信息、模糊决策、模糊逻辑与人工智能等. 模糊集合论在物理、化学、自然语言处理、模糊决策、模糊控制等很多领域都有广泛的应用,其中应用最有效、最广泛的领域是模糊控制,它解决了传统控制理论无法解决的或难以解决的问题,并取得了一些令人信服的成效.

L. A. Zadeh 创立的模糊数学把数学的应用范围从精确现象扩大到模糊现象,是研究和处理模糊现象的数学方法,是继经典数学、统计学之后数学的一个新的发展. 模糊集合的核心思想是把取值仅为 1 或 0 的特征函数扩展到可在单位闭区间 [0, 1] 中任意取值的隶属函数,隶属函数值反映了对事物肯定或者否定程度. 然而, 人们在对事物的认知过程中, 往往还存在着不同程度的犹豫或表现出一定程度的知识缺乏, 从而使得认知结果表现为肯定、否定和介于肯定与否定之间的犹豫性这三方面, 如在各种选举投票事件中, 除了支持与反对两个方面, 经常有弃权情况发生. 因此, 传统的模糊集理论不能完整地表达所研究问题的全部信息. 鉴于这种情况, 保加利亚学者 Atanassov[11] 于 1986 年对 L. A. Zadeh 的模糊集进行了拓展, 把传统模糊集推广到同时考虑隶属度、非隶属度和犹豫度这三方面信息的直觉模糊集. 由于直觉模糊集比传统的模糊集能够更细腻地描述和刻画客观世界的模糊性质, 近年来, 人们对直觉模糊集理论的研究产生浓厚的兴趣并取得了丰硕研究成果.

客观世界中还有一种现象非常普遍, 那就是离散、组合现象, 它们产生的问题称为离散、组合问题. 比如幻方问题、汉诺塔问题、最短路问题、旅行商问题等, 解决这类问题可追溯到莱布尼茨 1666 年所著《论组合的艺术》中提出的组合数学和欧拉 1736 年在解决的七桥问题之后而发展起来的离散数学. 图论是离散数学、组合数学的一个重要分支, 它在物理、化学、运筹学、信息论、控制论、组合优化、网络优化、编码理论、计算机科学等众多学科领域都有广泛的应用. 20 世纪 30 年代, Hassler Whitney 深刻思考了线性代数的两个性质, 并提出了拟阵 —— 一种特殊的离散、组合结构.

考虑任意域上的两个向量组 X, Y 的性质:

(1) 若 X 是一个线性无关向量组, 则对任意的 $Y \subseteq X$, Y 也是线性无关的.

(2) 若 X 和 Y 是两个线性无关向量组, 且 $m > k$ (其中 $|X| = k$, $|Y| = m$), 则存在 $y_i \in Y$, 使得 $X \cup \{y_i\}$ 是一个线性无关向量组.

Hassler Whitney 把上面的性质进行了抽象推广, 于 1935 年在《关于线性相关的抽象性质》一文中第一次提出了拟阵的概念, 并叙述了拟阵的公理系统. 同时, 他也发现了另外一些集合系统也具有上述性质. 例如, 不含圈的图的边子集就具有上面的性质. 1942 年, Rado 得到了有关拟阵的一些重要研究成果; Birkhoff、Maclane 和 Dilworth 等研究了拟阵几何方面的问题. 1960 年, Tutte 发表《关于拟阵的演讲》一文后, 拟阵理论得到了迅速发展. 特别是 Edmonds 和 Minty 等把图论的算法推广到拟阵, 使拟阵在组合优化、整数规划、网络流及电网络理论中有了广泛应用. 后来, Welsh 研究了拟阵的结构、拟阵与格论的关系以及拟阵的极值问题等等, 于 1976 年撰写了关于拟阵理论的专著*Matroid Theory*. 刘桂真、陈庆华于 1994 年出版了《拟阵》, 赖虹建于 2002 年出版《拟阵论》.

拟阵是一种同时推广了图和矩阵的概念, 拟阵主要研究的是定义在一个集合的子集族上的抽象相关关系. 拟阵理论的发展已有 80 多年的历史, 拟阵中的众多理论来源图论, 同时又为解决图论问题提供了更好的方法, 使得拟阵理论不断丰富和发展, 它对涉及组合算法、组合优化问题的解决起着重要的作用, 图论、横贯理论、组合设计和格论等方面的许多问题都能够用拟阵理论统一起来, 并能给出新的证明方法.

近年来, 拟阵与其他学科交叉融合产生了一些新的研究方向, 如横贯拟阵、广义拟阵、模糊广义拟阵、$[L, M]$ 模糊拟阵等, 而目前发展内容最为丰富的是 G-V 模糊拟阵. 1988 年, Roy Goetschel 和 William Voxman 将 "模糊" 的概念引入拟阵理论, 在 *Fuzzy matroids* 一文中, 他们第一次提出了模糊拟阵的概念, 开始了模糊拟阵理论的研究. 在之后的数年里, 他们发表了多篇论文: 1989 年在 *Bases of fuzzy matroids* 一文中提出了模糊拟阵的模糊基的概念并进行研究, 得到了模糊基的基本性质; 在 *Fuzzy circuits* 一文中提出了模糊拟阵的模糊圈及其圈区间的概念, 并作了深入的研究; 1990 年又发表了 *Fuzzy matroids and a greedy algorithm*, 提出了寻找模糊拟阵的权最大模糊基的贪婪算法; 1991 年在 *Fuzzy matroid structures* 一文中研究了模糊拟阵的直和、对偶和积, 又在 *Fuzzy rank functions* 一文中给出了模糊秩函数公理. 这些研究成果奠定了模糊拟阵的理论框架. 后来国内外众多学者先后加入拟阵理论的研究行列, 为模糊拟阵理论的丰富和发展起到重要作用.

1.2 主要研究内容

近年来, 作者一直关注和学习国内外学者在模糊拟阵方面的研究成果, 得出了一些重要结果, 丰富了模糊拟阵理论, 对开拓模糊拟阵的应用起到重要作用. 本书以代数、图论、拟阵、模糊集以及直觉模糊集为基础, 主要总结了作者多年的研究成果, 研究内容包括模糊基、模糊圈、模糊秩函数、模糊闭集、模糊拟阵的对偶与超平面、模糊图拟阵、模糊拟阵的算法、G-V 直觉模糊拟阵等.

全书共 12 章, 各章具体安排如下:

第 1 章介绍研究背景及主要研究内容.

第 2 章主要介绍了模糊拟阵所要用到的图论、拟阵、模糊集、直觉模糊集等的基础理论知识.

第 3 章主要介绍了模糊拟阵及其基本序列、导出拟阵序列的概念、闭模糊拟阵和闭正规模糊拟阵的概念、性质和判定等.

第 4 章主要介绍了模糊拟阵的模糊独立集和模糊基的概念、性质, 讨论了模糊基的判定、模糊基交换定理, 以及闭正规模糊拟阵的基本序列等.

第 5 章主要介绍了模糊拟阵的模糊相关集和模糊圈的概念, 讨论了判定模糊圈的性质、判定等.

第 6 章主要介绍了模糊拟阵的模糊秩函数的概念和性质、模糊圈的秩的性质、模糊相关集的秩的性质等.

第 7 章主要介绍了模糊集的相关性, 模糊拟阵的闭集、闭包算子的性质, 模糊闭包公理等.

第 8 章介绍了模糊拟阵的对偶和超平面的概念, 讨论了对偶模糊拟阵和模糊拟阵超平面的性质等.

第 9 章主要介绍了模糊拟阵的和、积以及模糊拟阵的树形结构表示, 并讨论了它们的性质.

第 10 章介绍了模糊图拟阵的定义和性质.

第 11 章介绍了模糊拟阵的模糊集的秩的算法、模糊基的生成算法、模糊圈的生成算法等.

第 12 章首先在直觉模糊集的精确函数 H 与相似函数 h 的基础上, 定义了直觉模糊数的运算, 给出了 G-V 直觉模糊拟阵的定义和相关性质, 以及 G-V 直觉模糊拟阵的导出拟阵序列与相应的性质和 G-V 直觉模糊拟阵的秩函数及其性质等.

第 2 章 预 备 知 识

拟阵理论同时推广了代数系统和图论, 而 G-V 模糊拟阵理论结合了图论、拟阵理论、模糊集理论等理论, 本章主要介绍图论、拟阵、模糊集、直觉模糊集的一些基础知识.

2.1 图 论 基 础

图论是一门应用十分广泛、内容非常丰富的离散、组合数学分支, 图论最早起源于瑞士数学家欧拉在 1736 年解决的一个数学难题, 即哥尼斯城堡七桥问题. 1847 年, 基尔霍夫 (Kirchoff) 用欧拉所建立的图论基本概念分析电网络方程, 从而提出了 "树" 的概念. 随后一些数学家相继提出了图的对集、独立集、匹配和覆盖等概念, 丰富和发展了图论理论. 近几十年来, 随着计算机科学的发展, 图论更以惊人的速度向前发展, 并对计算机领域中的算法、网络理论、操作系统、人工智能等方面起着重要作用.

2.1.1 图的基本概念

自然界和人类社会的许多问题, 如事物联系、物质结构、通信网络、城市规划、交通运输、信息传递等, 都可以用图论知识来加以描述和分析, 相对于其他数学知识, 更形象直观, 容易理解.

定义 2.1.1 一个图 G 定义为一个有序对 (V, E), 也记为 $G = (V, E)$, 其中:

(1) V 是一个非空集合, 其中的元素称为结点.

(2) $E = V \times V$ 是 V 的笛卡儿积, 其中的元素称为边, 其元素可在 E 中出现不止一次, 重复出现的元素称为图 G 的重边. 常用 $V(G)$ 和 $E(G)$ 分别表示图 G 的结点集和边集.

以上所述的图可以用图形来表示, 而这种图形有助于理解图的性质.

在这种表示法中, 每个结点用点来表示, 每条边用线来表示, 这样的线连接代表该边端点的两个结点. 例如, $G = (V, E)$, $V = \{\nu_1, \nu_2, \nu_3, \nu_4, \nu_5\}$, $E = \{(\nu_1, \nu_2), (\nu_2, \nu_2), (\nu_2, \nu_3), (\nu_1, \nu_3), (\nu_1, \nu_3), (\nu_3, \nu_4)\}$, G 的图形如图 2.1.1 所示.

当 $e = (\nu_1, \nu_2)$ 时, 称 ν_1 和 ν_2 是 e 的端点 (或结点), 并称 e 与 ν_1 和 ν_2 是关联的, 而称结点 ν_1 与 ν_2 是邻接的. 若两条边关联于同一个结点, 则称两边是相邻的. 无边关联的结点称为孤立点. 若一条边关联的两个结点重合, 则称此边为环或自回路. 若 $\nu_1 \neq \nu_2$, 则称 e 与 ν_1(或 ν_2) 关联的次数是 1. 若 $\nu_1 = \nu_2$, 则称 e 与 ν_1 关联的次数为 2. 若 ν_1 不是 e 的端点, 则称 e 与 ν_1 的关联次数为 0(或称 e 与 ν_1 不关联). 在图 2.1.1 中, $e_1 = (\nu_1, \nu_2)$, ν_1, ν_2 是 e_1 的端点, e_1 与 ν_1, ν_2 的关联次数均为 1, ν_5 是孤立点, e_2 是环, e_2 与 ν_2 关联的次数为 2.

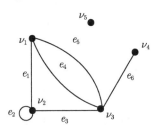

图 2.1.1　图的图形表示

定义 2.1.2　在简单图 $G = (V, E)$ 中, 若每一对不同的结点均有一条边相连, 则称图 G 为完全图, n 阶完全图 G 记为 K_n. 在一个图 $G = (V, E)$ 中, 图 G 中结点的个数叫做图 G 的阶. 端点重合为一点的边叫做环. 没有环和多重边的图叫做简单图. 如图 2.1.2 所示.

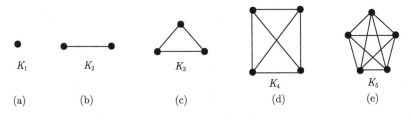

图 2.1.2　完全图

给定一个图 G, 以 G 中所有结点为结点集, 以所有能使 G 成为完全图所添加边为边集组成的图, 称为图 G 相对于完全图的补图, 简称为 G 的补图, 记作 $\overline{G}$.

图 2.1.3 中 $\overline{G}$ 是 G 的补图, 当然 G 也是 $\overline{G}$ 的补图, 即 G 和 $\overline{G}$ 互为补图.

由补图的定义, 显然有如下的结论:

(1) G 与 $\overline{G}$ 互为补图, 即 $\overline{\overline{G}} = G$;

(2) 若 G 为 n 阶图, 则 $E(G) \bigcup E(\overline{G}) = E(K_n)$, 且 $E(G) \bigcap E(\overline{G}) = \varnothing$.

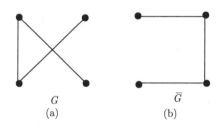

G
(a)

$\overline{G}$
(b)

图 2.1.3　图的补图

定义 2.1.3　设 V_1 和 V_2 是 G 的两个结点子集, 若

$$V_1 \cup V_2 = V(G), \quad V_1 \cap V_2 = \varnothing,$$

且 G 的每一条边的一个端点在 V_1 中, 另一个端点在 V_2 中, 则称 G 为二部图. 如果 V_1 与 V_2 中的每一个结点都邻接, 则成为完全二部图, 如图 2.1.4 所示.

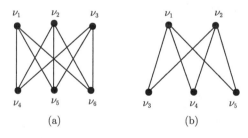

(a)

(b)

图 2.1.4　完全二部图

定义 2.1.4　设图 $G = (V, E)$, $u \in V = V(G)$, 集合 $N(u) = \{x \,|\, x \in V(G), \ x$ 与 u 邻接$\}$ 与 $N^*(u) = \{u\} \bigcup N(u)$ 分别叫做结点 u 的邻域和闭邻域.

如图 2.1.1 所示, $N(\nu_1) = \{\nu_2, \nu_3\}$, $N^*(\nu_1) = \{\nu_1, \nu_2, \nu_3\}$.

定义 2.1.5   在图 $G = (V, E)$ 中, 与结点 v 相关联的边数 (每个环计算两次), 称为结点 v 的度, 记为 $d_G(v)$. 若 $F \subset G$, 则 F 在 G 中的度为

$$d_G(F) = \sum_{x \in F} d_G(x) - \sum_{x \in F} d_F(x).$$

如图 2.1.1 所示, 设 $V(G) = \{\nu_1, \nu_2, \nu_3, \nu_4, \nu_5\}$, $F = \{\nu_1, \nu_2\}$, $d_G(\nu_1) = 3, d_G(\nu_2) = 4, d_F(\nu_1) = 1, d_F(\nu_2) = 3$, 则 $d_G(F) = (3 + 4) - (1 + 3) = 3$.

定义 2.1.6   设 $G = (V, E)$, $G' = (V', E')$ 是两个图. 若 $V' \subseteq V$, 且 $E' \subseteq E$, 则称 G' 是 G 的子图. G 是 G' 的母图, 记作 $G' \subseteq G$.

若 $V' \subset V$ 或 $E' \subset E$, 则称 G' 是 G 的真子图. 若 $V = V'$ 且 $E' \subseteq E$, 则称 G' 是 G 的生成子图.

若 $V_1 \subseteq V$ 且 $V_1 \neq \varnothing$, 以 V_1 为结点集, 以图 G 中两个端点均在 V_1 中的边为边集的子图, 称为由 V_1 导出的导出子图, 记作 $G[V_1]$.

设 $E_1 \subseteq E$, 且 $E_1 \neq \varnothing$, 以 E_1 为边集, 以 E_1 中的边关联的结点为结点集的图, 称为由 E_1 导出的子图, 记作 $G[E_1]$.

在图 2.1.5 中, G_1, G_2, G_3 均是 G 的真子图, 其中 G_1 是 G 的生

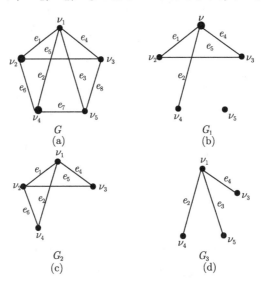

图 2.1.5   图的子图

成子图, G_2 是由 $V_2 = \{\nu_1, \nu_2, \nu_3, \nu_4\}$ 导出的导出子图 $G[V_2]$, G_3 是由 $E_3 = \{e_2, e_3, e_4\}$ 导出的子图 $G[E_3]$.

同理, 在图 2.1.6 中, (b), (c), (d) 都是图 (a) 的子图, 也是真子图. 图 (b) 和 (c) 是图 (a) 的生成子图. 图 (c) 是图 (a) 的由边集 $\{e_3, e_4, e_5, e_6\}$ 导出的子图, 图 (d) 是图 (a) 的由边集 $\{e_1, e_3, e_6\}$ 导出的子图. 图 (d) 是图 (a) 的由结点集 $\{v_1, v_2, v_3\}$ 导出的子图. 图 (b) 和图 (c) 互为补图.

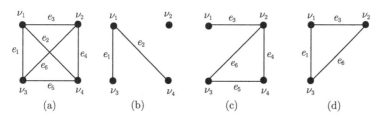

图 2.1.6　图的导出子图

定义 2.1.7　设有两个图 $G_1 = (V_1, E_1)$ 和 $G_2 = (V_2, E_2)$, 如果存在双射 $f : V_1 \to V_2$, 使得 $(u, v) \in E_1$ 当且仅当 $(f(u), f(v)) \in E_2$, 且重数相同, 则称图 G_1 与 G_2 同构, 记作 $G_1 \cong G_2$.

定义 2.1.7 说明, 两个图有相同的结点数或相同的边数是同构的必要条件. 两个图的结点之间, 如果存在双射函数, 而且这种双射函数保持了结点间的邻接关系且边的重数不变, 则两个图是同构的.

在图 2.1.7 中, $G_1 \cong G_2$.

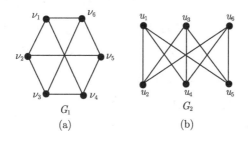

图 2.1.7　同构图

定义 2.1.8　设 $G = (V, E)$ 是图, 称图的一个点、边的交错序列 $\{v_0 e_1 v_1 e_2 v_2 \cdots v_{n-1} e_n v_n\}$ 为结点 v_0 到 v_n 的一条通路或路径, 其中 $e_i = (v_{i-1}, v_i)$ $(i = 1, 2, \cdots, n)$, v_0, v_n 分别称为通路的起点和终点, 通路中包

含的边数 n 称为通路的长度. 当起点和终点重合时则称为回路.

若通路的边 $\{e_1, e_2, \cdots, e_n\}$ 互不相同, 则称为简单通路. 如果它满足 $v_0 = v_n$, 则称为简单回路.

如果一条通路中结点 $\{v_0, v_1, v_2, \cdots, v_n\}$ 互不相同, 则称为路径.

如果一条回路的起点和内部结点互不相同, 则称为圈. 一般地, 称长度为 k 的圈为 k 圈, 并称长度为奇数的圈为奇圈, 称长度为偶数的圈为偶圈.

在图 2.1.8 中, $p_1 = v_5 e_8 v_4 e_5 v_2 e_6 v_5 e_7 v_3$ 是起点为 v_5, 终点为 v_3, 长度为 4 的一条路. $p_2 = v_5 e_8 v_4 e_5 v_2 e_6 v_5 e_7 v_3 e_4 v_2$ 是简单路, 但不是路径. $p_3 = v_4 e_8 v_5 e_6 v_2 e_1 v_1 e_2 v_3$ 既是通路又是简单路, 且是路径. $p_4 = v_2 e_1 v_1 e_2 v_3 e_7 v_5 e_6 v_2$ 是一圈.

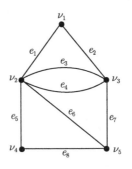

图 2.1.8　图的通路

定义 2.1.9　在一个图 $G = (V, E)$ 中, 若存在从结点 v_i 到 v_j 的通路 (当然也存在从 v_j 到 v_i 的通路), 则称 v_i 与 v_j 是连通的, 记作 $v_i \sim v_j$. $\forall v_i \in V$, 规定 $v_i \sim v_i$. 若无向图 G 中任意两个结点都是连通的, 则称图 G 是连通图. 规定平凡图是连通图.

在图 2.1.9 中, 图 G_1 是连通图, 图 G_2 是一个非连通图.

G_1　　　　　　　　　　　　　　　　G_2
(a)　　　　　　　　　　　　　　　　(b)

图 2.1.9　连通图与非连通图

定义 2.1.10 连通无回路的图称为树, 常用 T 表示树 (即树是不包含回路的连通图). 不相交的若干树所构成的图称为森林, 即森林的每个连通分支是树 (图 2.1.10). 树中度数为 1 的结点称为树的叶, 树中度数大于 1 的结点称为树的分枝点或内点.

若 T 是 G 的一个生成子图且又是一棵树, 则称 T 是图 G 的一棵生成树或支撑树. 生成树 T 中的边称为 T 的树枝, 不在生成树 T 中的 G 的边, 称为树 T 的弦.

图 2.1.10 树与森林

在图 2.1.11 中, T_1, T_2, T_3 都是图 G 的生成树.

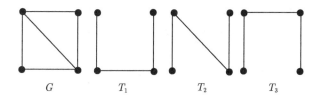

图 2.1.11 生成树

定义 2.1.11 设 $G = (V, E)$ 是简单图, $S \subseteq V, S \neq \varnothing$, 若 S 中任何两个结点都不相邻, 则称这个结点集合 S 为图 G 的独立集. 若 S 是图 G 的独立集, 但是任意增加一个结点就破坏它的独立性, 则称这个独立集 S 为极大独立集.

在图 2.1.8 中, $\{\nu_1, \nu_4\}, \{\nu_1, \nu_5\}, \{\nu_3, \nu_4\}$ 都是图 G 的极大独立集.

定义 2.1.12 设 $G = (V, E)$ 是简单图, $S \subseteq V, S \neq \varnothing$, 若对于 $\forall x \in V - S, x$ 与 S 里至少一个结点相邻, 则称 S 是图 G 的支配集. 若 S 是图 G 的支配集, 但 S 的任何真子集都不是支配集, 则称 S 为图 G 的极小支配集.

在图 2.1.8 中, $\{\nu_2, \nu_5\}$ 是图 G 的支配集但不是极小支配集. $\{\nu_2\}$ 是

图 G 的极小支配集.

2.1.2　图的运算

在图中, 可以把集合的一些运算进行推广, 得到图的相应的运算.

定义 2.1.13　设 G_1 和 G_2 都是 G 的子图, 则

G_1 和 G_2 的并, 记作 $G_1 \cup G_2$: 由 G_1 和 G_2 中所有边组成的图.

G_1 和 G_2 的交, 记作 $G_1 \cap G_2$: 由 G_1 和 G_2 的公共边组成的图.

G_1 和 G_2 的差, 记作 $G_1 - G_2$: 由 G_1 中去掉 G_2 中的边组成的图.

定义 2.1.14　设 G_1 和 G_2 是任意两个图, G_1 和 G_2 的笛卡儿积为图 $G = G_1 \times G_2$, 其中图 G 满足

$$V(G) = V(G_1) \times V(G_2),$$

G 中的两个结点 (a, b) 和 (c, d) 是邻接的当且仅当 $a = c$ 且 $(b, d) \in E(G_2)$, 或者 $b = d$ 且 $(a, c) \in E(G_1)$.

定义 2.1.15　设图 $G_1 = (V_1, E_1)$ 和 $G_2 = (V_2, E_2)$ 不相交, 即 $V_1 \cap V_2 = \varnothing$, 定义 G_1 与 G_2 的关联 $G = G_1 + G_2$, 即

$$V(G) = V_1 \cup V_2, \quad E(G) = E_1 \cup E_2 \cup K(V_1, V_2),$$

这里 $K(V_1, V_2)$ 是指以 V_1, V_2 为独立点集的完备二部图.

2.2　拟 阵 基 础

拟阵理论是以代数系统和图论为基础的, 其他学科已经或者正在与其交叉结合, G-V 模糊拟阵就是其中一个重要成果, 下面主要介绍拟阵的基本概念和基本理论.

2.2.1　拟阵的相关概念

与其他数学分支相比, 拟阵理论并不是一个具有悠久历史的古老分支, 但也有近百年的历史了. 1935 年, Hassler Whitney 在《关于线性相关的抽象性质》一文中第一次提出了拟阵的概念, 这是一种同时推广了

图和矩阵的概念, 是在对向量组线性相关性质的研究中提出来的, 随后所产生的许多概念都来自代数和图论.

下面引入拟阵的概念.

定义 2.2.1 设有非空集合 E, E 的所有子集所组成的集合称为 E 的幂集, 记为 2^E, 即

$$2^E = \{A|A \subseteq E\}.$$

定义 2.2.2 设 E 是一个有限集合, 非空集合 $\mathrm{I} \subseteq 2^E$, 如果 I 满足下列条件:

(1) $\varnothing \in \mathrm{I}$;

(2) 若 $X \in \mathrm{I}$, 且 $Y \subseteq X$, 则 $Y \in \mathrm{I}$;

(3) 若 $X, Y \in \mathrm{I}$, 且 $|Y| > |X|$, 则存在 $x \in Y \backslash X$, 使得

$$X \cup \{x\} \in \mathrm{I},$$

那么称序偶 (E, I) 为 E 上的一个拟阵, 记为 $\mathrm{M} = (E, \mathrm{I})$.

任意 $X \subseteq E$, 若 $X \in \mathrm{I}$, 则称 X 为 M 的独立集, 否则, 称 X 为 M 的相关集. M 的极大独立集, 称为 M 的基, M 的全部基组成的集合, 称为 M 的基集, 记为 **B**. M 的极小相关集, 称为 M 的圈, M 的全部圈组成的集合称为 M 的圈集, 记为 **C**. 设 $0 \in \mathbf{C}$ 且 $|0| = 1$, 则称 0 为 M 的环.

定义 2.2.3 拟阵 $\mathrm{M} = (E, \mathrm{I})$ 的秩函数是一个函数 $R : 2^E \to Z^*$ (Z^* 为非负整数), 使得对任意的 $A \subseteq E$, 都有

$$R(A) = \max\{|X| \,|\, X \subseteq A, X \in \mathrm{I}\}.$$

$R(A)$ 称为集合 A 的秩, $R(E)$ 称为拟阵 M 的秩, 通常记为 $R(E) = R(\mathrm{M})$.

拟阵可以解决图论中的一些问题, 图论中满足一定条件的边的集合可以构成一个拟阵, 即如下定义.

定义 2.2.4 设 G 是一个图, E 是图 G 的边集合. 令

$$\mathrm{I} = \{X | X \subseteq E, X \text{ 中的任意边子集不构成圈}\}.$$

可证 $\mathrm{M} = (E, \mathrm{I})$ 是一拟阵, 称其为图 G 的圈拟阵.

定义 2.2.5　设 G 是一个图, E 是图 G 的边集合, 令

$$I = \{X \mid X \subseteq E, X \text{ 不含 } G \text{ 的割集}\}.$$

则 $M = (E, I)$ 是一个拟阵, 并称其为图 G 的反圈拟阵.

定义 2.2.6　设 $M = (E, I)$ 是 E 上的一个拟阵. 图 G 是一个以 M 的基集为顶点集的图, 使得 G 中的两个顶点是邻接的当且仅当这两个顶点对应的基恰好有 $R(M) - 1$ 个公共元, 则称图 G 为拟阵 M 的基图. 记为 $G = G(M)$.

2.2.2　拟阵的公理系统

拟阵有许多不同的定义, 称之为公理, 如定义 2.2.2 称为拟阵的独立集公理, 接下来给出其他一些主要的公理系统.

由拟阵的独立集公理, 可以得到下面的结论.

定理 2.2.1　设 $M = (E, I)$ 是一个拟阵, $X, Y \in I$, 且 $|X| < |Y|$, 则存在 $Z \subseteq Y \backslash X$, 使得

$$|X \cup Z| = |Y| \quad \text{且} \quad X \cup Z \in I.$$

根据定理 2.2.1, 可以得到拟阵的基公理.

定理 2.2.2(基公理)　设 E 是有限元素的集合, $\mathbf{B}$ 是 E 的子集族, 则 $\mathbf{B}$ 是关于 E 的一个拟阵的基集当且仅当 $\mathbf{B}$ 满足下列的条件:

(1) 若 $B_1, B_2 \in \mathbf{B}$, 都有 $|B_1| = |B_2|$;

(2) 若 $B_1, B_2 \in \mathbf{B}$, 且 $x \in B_1$, 则存在 $y \in B_2$, 使得

$$(B_1 \backslash \{x\}) \cup \{y\} \in \mathbf{B}.$$

由拟阵的不同的基, 可以得到另外的拟阵的基, 这称为拟阵的基交换.

定理 2.2.3　设 E 是有限元素的集合, $\mathbf{B}$ 是 E 的子集族, 则 $\mathbf{B}$ 是关于 E 的某个拟阵的基集当且仅当若 $B_1, B_2 \in \mathbf{B}$, 且 $x \in B_1 \backslash B_2$, 则存在 $y \in B_2 \backslash B_1$, 使得

$$(B_1 \backslash \{x\}) \cup \{y\} \in \mathbf{B}.$$

根据拟阵的圈的定义和基公理可以推出拟阵的圈公理.

定理 2.2.4(圈公理) 设 E 是有限元素的集合, **C** 是 E 的非空子集族, 则 **C** 是关于 E 的一个拟阵的圈集当且仅当 **C** 满足下列的条件:

(1) 若 $C_1, C_2 \in \mathbf{C}$, $C_1 \neq C_2$, 则 $C_1 \not\subset C_2$;

(2) 若 $C_1, C_2 \in \mathbf{C}$, $C_1 \neq C_2$, 且 $z \in C_1 \cap C_2$, 则存在 $C_3 \in \mathbf{C}$, 使得

$$C_3 \subseteq (C_1 \cap C_2) \backslash \{z\}.$$

通过拟阵的不同的圈可以得到另一个拟阵的圈.

定理 2.2.5 设 **C** 是拟阵 $M = (E, \mathrm{I})$ 的圈集, 若任意的 $C_1, C_2 \in \mathbf{C}$, $C_1 \neq C_2$, 且 $x \in C_1 \cap C_2$, 则对任意的 $y \in C_1 \backslash C_2$, 都有一个圈 $C_3 \in \mathbf{C}$, 使得

$$y \in C_3 \subseteq (C_1 \cap C_2) \backslash \{x\}.$$

下面结合拟阵的秩函数, 引入闭集、闭包算子等概念.

定义 2.2.7 设 E 是有限元素的集合, R 是拟阵 $\mathrm{M} = (E, \mathrm{I})$ 的秩函数, 若 $A \subseteq E$ 且对任意的 $x \in E \backslash A$, 都有

$$R(A \cup \{x\}) = R(A) + 1,$$

则称 A 为拟阵 M 的闭集.

若对任意的 $x \in E$ 和 $A \subseteq E$, 都有

$$R(A \cup \{x\}) = R(A),$$

则称 x 与 A 相关, 记为 $x \smallfrown A$.

若对任意的 $A \subseteq E$, 都有

$$\sigma(A) = \{x | x \smallfrown A, x \in E\}.$$

则称函数 $\sigma : 2^E \to 2^E$ 是拟阵的闭包算子.

不难验证, $A \subseteq \sigma(A)$ 且 $\sigma(A)$ 是含 A 的最小闭集.

若 $S \subseteq E$, 且 S 含 M 的一个基, 则 S 叫做 M 的支撑集.

由闭包算子可以得出拟阵的闭包公理.

定理 2.2.6 设 E 是有限集, 函数 $\sigma : 2^E \to 2^E$ 是 E 上某拟阵的闭包算子当且仅当 $\forall X, Y \subseteq E$ 和 $\forall x, y \in E$, 下面的条件成立:

(S1) $X \subseteq \sigma(X)$;

(S2) 若 $Y \subseteq X$, 则 $\sigma(Y) \subseteq \sigma(X)$;

(S3) $\sigma(X) \subseteq \sigma(\sigma(X))$;

(S4) 若 $y \notin \sigma(X)$, $y \in \sigma(X \cup \{x\})$, 则 $x \in \sigma(X \cup \{y\})$.

定理 2.2.7 设 R 是有限集 E 上某拟阵 $\mathrm{M} = (E, \mathrm{I})$ 的秩函数, 且 $A, B \in 2^E$, 则有

(a) 若 $A \subseteq B$, 则 $R(A) \leqslant R(B)$;

(b) $R(A) \leqslant |A|$;

(c) 若 $A \in \mathrm{I}$, 则 $R(A) = |A|$.

定理 2.2.8 设 R 是有限集 E 上某拟阵 $\mathrm{M} = (E, \mathrm{I})$ 的秩函数, 对任意的 $A_1, A_2 \subseteq E$, 若对 A_2 的任意元素 e, 都有 $R(A_1 \cup \{e\}) = R(A_1)$, 则

$$R(A_1 \cup A_2) = R(A_1).$$

由秩函数和性质可以得出拟阵的秩公理.

定理 2.2.9 (秩公理) 一个函数 $R: 2^E \to Z^*$ 是关于有限集 E 上某拟阵 $\mathrm{M} = (E, \mathrm{I})$ 的秩函数当且仅当对任意的 $X \subseteq E$, $x, y \in E$, 下面的条件成立.

(1) $R(\varnothing) = 0$;

(2) $R(X) \leqslant R(X \cup y) \leqslant R(X) + 1$;

(3) 若 $R(X \cup \{y\}) = R(X \cup \{x\}) = R(X)$, 则

$$R(X \cup \{y\} \cup \{x\}) = R(X).$$

定义 2.2.8 设 E 是一个集合, 一个映射 $\sigma: 2^E \to [0, \infty)$ 称为是子模的, 如果对每一个 $A, B \in 2^E$, 有

$$\sigma(A) + \sigma(B) \geqslant \sigma(A \cap B) + \sigma(A \cup B).$$

任意给出一个拟阵, 可以在这个拟阵基础上, 引入一个比它 "更小" 的拟阵 —— 子拟阵.

定义 2.2.9 设 E 是有限集, $M_1 = (E, I_1), M_2 = (E, I_2)$ 都是 E 上的拟阵. 若独立集族 $I_1 \subseteq I_2$, 则称 M_1 是 M_2 的子拟阵, 记为 $M_1 \subseteq M_2$. 若 $I_1 \subset I_2$, 则称 M_1 是 M_2 的真子拟阵, 记为 $M_1 \subset M_2$.

在拟阵理论中, 有两种特殊的子拟阵: 约束拟阵和收缩拟阵.

设 $M = (E, I)$ 是 E 上的拟阵, 取 $T \subseteq E, T \neq \varnothing$, 令

$$I(M \mid T) = \{X \mid X \subseteq T, X \in I\},$$

$$I(M \cdot T) = \{X \subseteq T \mid \text{有} E \backslash X \text{中的极大独立集} Y \subseteq I, \text{使得} X \cup Y \in I\}.$$

易证 $(E, I(M \mid T))$ 和 $(E, I(M \cdot T))$ 都是 E 上的拟阵, 分别称为 M 在 T 上的约束拟阵 (记为 $M \mid T$) 和收缩拟阵 (记为 $M \cdot T$), $I(M \mid T)$ 和 $I(M \cdot T)$ 分别是它们的独立集族.

如果拟阵 M' 是通过对 M 进行有限次的约束和收缩而得到的 M 的子拟阵, 那么称 M' 为 M 的一个幼阵.

为了引入拟阵的超平面公理, 首先介绍超平面的概念及一些性质.

定义 2.2.10 设 $M = (E, I)$ 是有限集 E 上的一个拟阵, 若 $H \subset E$ 是 M 的闭集, 且不存在是 M 的闭集 $H' \subset E$, 使得

$$H \subset H',$$

则称 H 为 M 的一个超平面, 即一个拟阵的超平面是它的极大真闭子集.

另外, 从拟阵秩函数的角度, 可得到超平面一个等价定义.

定义 2.2.11 设 $M = (E, I)$ 是有限集 E 上的一个拟阵, R 是其秩函数, $H \subset E$ 是 M 的闭集. 如果

$$R(H) = R(M) - 1,$$

则称 H 为 M 的一个超平面.

定理 2.2.10 设 $M = (E, I)$ 是关于有限集 E 上的一个拟阵, R 为其秩函数, σ 为其闭包算子, $H \subset E$, 则下面的说法等价:

(1) H 是 M 的一个超平面;

(2) $\sigma(H) \neq E, \sigma(H \cup \{x\}) = E$, 其中 $x \in E \backslash H$;

(3) 对 M 的任意基 B, B 不包含于 H, 但 $x \in E \setminus H$, 则存在一个基 $B' \subseteq H \cup \{x\}$;

(4) H 是 E 的不是支撑集的极大子集;

(5) H 的秩是 $R(E) - 1$ 且它是秩为 $R(E) - 1$ 的 M 的极大子集.

由闭集、超平面的定义和上面的等价结论可以得出下面结果.

定理 2.2.11   若 X, Y 是拟阵 $M = (E, I)$ 的闭集, $Y \subseteq X$ 且 $R(Y) = R(X) - 1$, 则存在 M 的超平面 H, 使得

$$Y = X \cap H.$$

定理 2.2.12   设 X 是拟阵 $M = (E, I)$ 的一个闭集, $R(X) = t$, 则存在不同的超平面 H_i, $1 \leqslant i \leqslant R(M) - t$, 使得

$$X = \bigcap_{i=1}^{R(M)-t} H_i.$$

定理 2.2.13 $H \subset E$ 是拟阵 $M = (E, I)$ 一个的超平面当且仅当 $E \setminus H$ 是 M 的一个反圈.

下面给出拟阵的超平面公理.

定理 2.2.14(超平面公理)   设 E 是有限集, E 的子集族 $\mathbf{H}$ 是 E 上的某拟阵的超平面集当且仅当下列条件成立:

(H1) 若 $H_1, H_2 \in \mathbf{H}$, 且 $H_1 \neq H_2$, 则 $H_1 \not\subseteq H_2$;

(H2) 若 $H_1, H_2 \in \mathbf{H}$, 且 $x \notin H_1 \cup H_2$, 则存在 H_3 使得

$$H_3 \supseteq (H_1 \cap H_2) \cup \{x\}.$$

2.2.3 拟阵的对偶与同构

在图论中, 任意一个平面图有一个对偶图, 对偶的概念可以推广到拟阵. 下面给出拟阵与其对偶拟阵之间的关系.

定理 2.2.15   设 $M = (E, I)$ 是一拟阵, $\mathbf{B}$ 是 M 的基集, 则

$$\mathbf{B}^* = \{\beta^* | \beta^* = E \setminus \beta, \beta \in \mathbf{B}\}$$

是关于 E 的一个拟阵 M^* 的基集. 我们称 M^* 是 M 的对偶拟阵.

由 M* 的定义易见下列命题正确:

(1) $(M^*)^* = M$.

(2) $X \subseteq E$ 是 M* 的独立集当且仅当 $E \backslash X$ 是 M 的支撑集.

(3) $x \in E$ 是 M 的环当且仅当 x 属于 M* 的每一个基, 这时称 x 是拟阵 M* 的反环.

(4) M* 的秩是 $|E| - R(M)$.

由秩函数的定义和上述结论可以得出下列结果.

定理 2.2.16　设 $M = (E, I)$ 是一拟阵, 则对任意的 $A \subseteq E$, M 和 M* 的秩函数 R 和 R^* 有关系:

$$R^*(E \backslash A) = |E| - R(E) - |A| + R(A).$$

定理 2.2.17　设 M 是关于 E 的拟阵, 且 $A, A^* \subseteq E$, $A \cap A^* = \varnothing$ 且 A 和 A^* 分别是拟阵 M 和 M* 的独立集, 则存在基 B, B^*, 使得

$$A \subseteq B, \quad A^* \subseteq B^*, \quad 且 \quad B \cap B^* = \varnothing.$$

定理 2.2.18　设 $M = (E, I)$ 是一拟阵, E 的子集 B 是 M 的一个基当且仅当 B 与 M 的每一个反圈有非空交且它是具有这种性质的极小子集.

向量空间和图论中的同构的概念也可以推广到拟阵.

定义 2.2.12　设 $M_1 = (E, I_1)$ 和 $M_2 = (E, I_2)$ 是两个拟阵. 若存在双射 $\varphi : E_1 \rightarrow E_2$, 使得

$$X \subseteq E_1, X \in I_1 \text{ 当且仅当 } \varphi(X) \subseteq E_2, \varphi(X) \in I_2,$$

则称 M_1 和 M_2 是同构的, 记作 $M_1 \cong M_2$.

2.2.4　拟阵的贪婪算法

拟阵的一个重要应用就是解决组合优化问题, 这与贪婪算法联系紧密.

设拟阵 $M = (E, I)$, $E = \{e_1, e_2, \cdots, e_n\}$, $\omega(e_i)$ 是对应于 e_i 的非负实数, 称为 e_i 的权. 对任意的 $S \subseteq E$, $\omega(S) = \sum_{e_i \in S} \omega(e_i)$ 称为 S 的权.

设 **B** 是 M 的基集, 对 $B = \{e_1, e_2, \cdots, e_k\} \in \mathbf{B}$, 设 $\omega(e_1) \geqslant \omega(e_2) \geqslant \cdots \geqslant \omega(e_k)$, 此时向量 $V(B) = (\omega(e_1), \omega(e_2), \cdots, \omega(e_k))$ 称为基 B 的权向量.

若向量 α 字典序不小于向量 β, 则记为 $\alpha \geqslant_l \beta$.

若对任意的 $B' \in \mathbf{B}$, 有 $V(B) \geqslant_l V(B')$, 则称 B 为字典序最大的基.

若对任意的 $B' \in \mathbf{B}$, 有 $\omega(B) \geqslant \omega(B')$, 则称 B 是最大权基.

定理 2.2.19　设 M = (E, I) 是一拟阵, $e \in E$ 的权为 $\omega(e)$, 则下述结论等价:

(1) B 是 M 的一个最大权基;

(2) B 是 M 的字典序最大的基;

(3) 对任意的 $e \in B$, 令

$$X = \{e' \,|\, e' \in B, \quad \omega(e') \geqslant \omega(e)\},$$

$$S = \{e' \,|\, e' \in E, \quad \omega(e') \geqslant \omega(e)\},$$

则 X 是 S 的极大独立集.

设 E 是有限集, I 是 E 的子集族. 下面的算法称为 E 上贪婪算法:

(1) 令 $j = 0$, $S_j = \varnothing$.

(2) 令 $D_{j+1} = \{e \,|\, e \in E \backslash S_j, S_j \cup \{e\} \in \mathrm{I}\}$,

若 $D_{j+1} = \varnothing$, 则停止. 记 $\overline{S} = S_j$, 称为贪婪算法的解;

若 $D_{j+1} \neq \varnothing$, 则转步骤 (3).

(3) 取 e_{j+1}, 使得

$$\omega(e_{j+1}) = \max_{e \in D_{j+1}} \omega(e),$$

令 $S_{j+1} = S_j \cup \{e_{j+1}\}$, $j = j + 1$, 转到步骤 (2).

　　注　(1) 若对任意的 $i \neq j$, 有 $\omega(e_i) \neq \omega(e_j)$, 则对于贪婪算法得到的解是唯一的. 否则解不一定唯一.

(2) 若对任意的 $S \in \mathrm{I}$, 都存在一个 1-1 映射 $f: S \to \overline{S}$, 使得对任意的 $e \in S$, 有

$$\omega(e) = f(\omega(e)),$$

则称 $\overline{S}$ 为最优解.

一般说来, 贪婪算法得到的解不是最优的. 但当 I 满足某些条件时贪婪算法可给出最优解. 定理 2.2.20 指出了贪婪算法给出最优解的条件.

定理 2.2.20 设 I 是 E 的子集族, $\varnothing \in I$, 若 $X \in I$ 且 $X' \subseteq X$, 必有 $X' \in I$, 则对 E 的元素取任意非负实数权, 贪婪算法得到的解都是最优的当且仅当 I 是关于 E 的某个拟阵的独立集族.

这个定理在组合优化中有重要意义. 一个系统如果是一个拟阵就可以用贪婪算法来求某些问题的最优解.

由以上两个定理知可用贪婪算法求拟阵的最大权基. 设 M 是一个没有环的拟阵. 下面给出求拟阵 $M = (E, I)$ 的最大权基的贪婪算法. 设 $E = \{e_1, e_2, \cdots, e_n\}$, 其中 $\omega(e_1) \geqslant \omega(e_2) \geqslant \cdots \geqslant \omega(e_n)$.

算法:

(1) 取 $X = \varnothing$, 取 $j = 1$.

(2) 若 $\{e_j\} \cup X \in I$, 则令 $X = \{e_j\} \cup X, j = j + 1$;

若 $\{e_j\} \cup X \notin I$, 则令 $j = j + 1$.

(3) 若 $j > n$, 则算法停止, 否则转到 (2).

上述算法是求图的最大支撑树算法的推广.

类似地, 可给出求拟阵的最小权基的贪婪算法.

2.3 模糊集基础

20 世纪 60 年代, 产生了模糊数学这门新兴学科, 它把数学的应用范围从精确现象扩大到模糊现象, 是研究和处理模糊现象的数学方法, 是继经典数学、统计学之后数学的一个新的发展.

2.3.1 模糊集的基本概念

定义 2.3.1 设 E 是非空有限集, 2^E 是包含空集的 E 的所有子集族. 若 $\Psi \subseteq 2^E$, 则称 (E, Ψ) 是集 E 上的一个集合系统.

定义 2.3.2 设 E 是非空有限集, E 上的一个集合系统 (E, Ψ) 称为是一个独立集系统, 如果满足: (继承性) 若 $A \in \Psi$, 且 $B \subseteq A$, 则 $B \in \Psi$.

一个独立集系统的一个极大元称为 (E, Ψ) 的一个基. 因为 E 是有限的, 它的所有子集的总数是有限的, 所以, 定义在一个有限集 E 上的独立集系统的总数也是有限的. 独立集系统是一个宽泛的概念, 许多组合结构属于独立集系统. 例如, 拟阵等.

定义 2.3.3 设 $A \in 2^E$, 具有如下性质的映射 μ, 称为集合 A 的特征函数:

$$\mu(x) = \begin{cases} 1, & x \in A, \\ 0, & x \notin A, \end{cases}$$

其中 $\mu: E \to [0, 1]$.

定义 2.3.4 设 E 是论域, 映射 $\mu: E \to [0, 1]$, 则称 μ 确定了 E 上的一个模糊集合, μ 叫做模糊集合的隶属函数. 使 $\mu(x) = 0.5$ 的点 x 称为模糊集合的过渡点, 此时, 该点最具有模糊性.

E 上的模糊集合简称模糊集, E 上所有模糊集所组成的集合记为 $F(E)$, 即 $F(E)$ 是所有映射 $\mu: E \to [0, 1]$ 的集合. $F(E)$ 的元是定义在 E 上的模糊集.

2.3.2 模糊集的运算

定义 2.3.5 设 $\mu \in F(E)$, $0 \leqslant r \leqslant 1$, 则有

(1) $C_r(\mu) = \{x \in E | \mu(x) \geqslant r\}$ 称为模糊集 μ 的 r-弱截集或 r-水平集, 简称 r-截集. 根据需要, 有时也表示为 $C_r(\mu) = (\mu)_r$.

(2) $C_{\dot{r}}(\mu) = \{x \in E | \mu(x) > r\}$ 称为模糊集 μ 的 r-强截集.

定义 2.3.6 设 $\mu \in F(E)$, $\mathrm{supp}\mu = \{x \in E | \mu(x) > 0\}$ 称为 μ 的支撑集. 若 $\mathrm{supp}\mu = \varnothing$, 则 μ 称为模糊空集, 仍记为 $\varnothing$.

定义 2.3.7 设 $\mu \in F(E)$, 模糊集 μ 的模糊隶属度集记为

$$R^+(\mu) = \{\mu(x) > 0 | 任意 \ x \in E\}.$$

模糊集 μ 的最小隶属度记为

$$m(\mu) = \inf R^+(\mu) = \inf\{\mu(x) \, | x \in \mathrm{supp}\mu\}.$$

定义 2.3.8 设 $\mu \in F(E)$, 非负实数 $|\mu| = \sum_{e \in E} \mu(x)$ 称为模糊集 μ 的势.

定义 2.3.9 设 $\mu, \nu \in F(E)$, $x \in E$, 模糊集 μ 和 ν 的交与并分别为: $\mu \wedge \nu$ 和 $\mu \vee \nu$, 其中

$$(\mu \wedge \nu)(x) = \min\{\mu(x), \nu(x)\},$$
$$(\mu \vee \nu)(x) = \max\{\mu(x), \nu(x)\}.$$

定义 2.3.10 设 $\mu, \nu \in F(E)$, 若对任意的 $x \in E$, 都有 $\mu(x) = \nu(x)$, 则称模糊集 μ 等于模糊集 ν, 记为 $\mu = \nu$.

若对任意的 $x \in E$, 都有 $\mu(x) \leqslant \nu(x)$, 则称模糊集 μ 被包含于模糊集 ν, 记为 $\mu \leqslant \nu$.

若 $\mu \leqslant \nu$, 且存在 $x \in E$, 使得 $\mu(x) < \nu(x)$, 则称模糊集 μ 被真包含于模糊集 ν, 记为 $\mu < \nu$.

定义 2.3.11 设 $\mu, \nu \in F(E)$, $x \in E$, $\mu \backslash\backslash_x$ 表示模糊集:

$$(\mu\backslash\backslash_x)(y) = \begin{cases} \mu(y), & y \in E\backslash x, \\ 0, & y = x. \end{cases}$$

定义 2.3.12 设 $\mu, \nu \in F(E)$, $x \in E$, $\mu\|_{v^x}$ 表示模糊集:

$$(\mu\|_{v^x})(y) = \begin{cases} \mu(y), & y \in E\backslash x, \\ v(y), & y = x. \end{cases}$$

定义 2.3.13 设 $\forall X \subseteq E$, $\forall r \in (0,1)$, $\omega(X, r)$ 表示模糊集:

$$\omega(X, r) = \begin{cases} r, & x \in X, \\ 0, & x \notin X, \end{cases}$$

称 $\omega(X, r)$ 为 X 上的水平为 r 的初等模糊集.

易证, 对任意的 $\mu \in F(E)$, 若 $R^+(\mu) = \{r_1, r_2, \cdots, r_n\}$, 则存在初等模糊集 $\omega\left((\mu)_{r_1}, r_1\right), \omega\left((\mu)_{r_2}, r_2\right), \cdots, \omega\left((\mu)_{r_n}, r_n\right)$, 使得

$$\mu = \omega\left((\mu)_{r_1}, r_1\right) \vee \omega\left((\mu)_{r_2}, r_2\right) \vee \cdots \vee \omega\left((\mu)_{r_n}, r_n\right).$$

定义 2.3.14　设 $\Psi \subseteq F(E)$, 称 (E, Ψ) 为一个模糊集系统. 对于每个 $r \in (0, 1]$, 将一个模糊集系统 (E, Ψ) 的 r-水平定义为一个传统集系统 (E, I_r), 其中

$$\mathrm{I}_r = \{C_r(\mu) | \mu \in \Psi\}.$$

2.4　直觉模糊集

Atanassov 把 L. A. Zadeh 所提出的模糊集进行了推广, 得出了直觉模糊集的概念.

定义 2.4.1　设 E 是一个集合, 称

$$A = \{(x, \mu_A(x), v_A(x))\}$$

为一个直觉模糊集. 如果对每个元素 x 都有一个隶属度 $\mu_A(x)$ 和一个非隶属度 $v_A(x)$, 且满足对于任意 $x \in E$, 都有

$$\mu_A(x), \ v_A(x) \geqslant 0,$$

$$0 \leqslant \mu_A(x) + v_A(x) \leqslant 1.$$

用 IFS(E) 表示 E 上的直觉模糊集族, 令

$$\pi_A(x) = 1 - \mu_A(x) - v_A(x),$$

则称 $\pi_A(x)$ 为 x 的犹豫度.

显然, 若 $\pi_A(x) = 0$, 则 $\mu_A(x) + v_A(x) = 1$, 因此, 可以将直觉模糊集 A 简化为模糊集. 通常, 对于任意的 $x \in E$ 的三元组 $(\mu_A(x), v_A(x), \pi_A(x))$ 被称为直觉模糊值 (或者直觉模糊数). E 上的全体直觉模糊集的集合记为 IFS(E).

为了后面表示需要, 我们将每个直觉模糊集 (μ_A, v_A, π_A) 简写为 (μ_A, π_A), 同理, 每个直觉模糊值 $(\mu_A(x), v_A(x), \pi_A(x))$ 也简写为 $(\mu_A(x), \pi_A(x))$.

接下来介绍初等直觉模糊集的概念.

定义 2.4.2 设 $(\mu_\alpha, \pi_\alpha) \in \text{IFS}(E)$ 是一个直觉模糊集, 如果

$$\left| R^+ (\mu_\alpha, \pi_\alpha) \right| = 1,$$

则称 (μ_α, π_α) 为一初等直觉模糊集.

精确函数和相似函数是直觉模糊理论的两个重要概念, 常用用于构造不同的算子, 它们的定义如下.

定义 2.4.3 设 $(\mu_\alpha, \pi_\alpha) \in \text{IFS}(E)$ 是一个直觉模糊集, 那么每一个直觉模糊值 $(\mu_\alpha(x), \pi_\alpha(x))\,(x \in E)$ 的精确函数 H 定义为

$$H(\mu_\alpha(x), \pi_\alpha(x)) = 1 - \pi_\alpha(x).$$

定义 2.4.4 设 $(\mu_\alpha, \pi_\alpha) \in \text{IFS}(E)$ 是一个直觉模糊集, 那么每一个直觉模糊值 $(\mu_\alpha(x), \pi_\alpha(x))\,(x \in E)$ 的相似函数 h 定义为

$$h(\mu_\alpha(x), \pi_\alpha(x)) = 1 - \frac{1 - \mu_\alpha(x)}{1 + \pi_\alpha(x)}.$$

特别地, 若 $\pi_\alpha(x) = 0$, 则有

$$h(\mu_\alpha(x),\ 0) = \mu_\alpha(x).$$

第 3 章　G-V 模糊拟阵的概念

1988 年, Roy Goetschel 和 William Voxman 在模糊集上研究了拟阵理论, 并成功地将二者结合起来. 在 *Fuzzy matroids* 一文中, 他们第一次提出了模糊拟阵的概念, 开始了模糊拟阵理论的研究, 称为 G-V 模糊拟阵.

3.1　G-V 模糊拟阵的基本概念

首先, 引入模糊拟阵的概念.

定义 3.1.1　设 E 是一个非空有限集, $\Psi \subseteq F(E)$ 是一个满足下列条件的非空模糊集族:

(1) 若 $\mu \in \Psi, \nu \in F(E)$, 且 $\nu < \mu$, 则 $\nu \in \Psi$.

(2) 若 $\mu, \nu \in \Psi$, 且 $|\text{supp}\mu| < |\text{supp}\nu|$, 则存在 $\omega \in \Psi$, 使得

(a) $\mu < \omega \leqslant \mu \vee \nu$;

(b) $m(\omega) \geqslant \min\{m(\mu), m(v)\}$.

则称序偶 $M = (E, \Psi)$ 是 E 上的 G-V 模糊拟阵, 简称为模糊拟阵 (后面常用简称), Ψ 称为 M 的独立模糊集族.

模糊拟阵的基本序列和导出拟阵序列是模糊拟阵的两个重要概念, 也是它的重要特征. 对模糊拟阵的研究也离不开它们.

定理 3.1.1　设有模糊拟阵 $M = (\text{I}_r, \Psi), r \in (0, 1]$, 令

$$\text{I}_r = \{C_r(\mu) | \forall \mu \in \Psi\},$$

易证 $\text{M}_r = (E, \text{I}_r)$ 都是 E 上的拟阵, 这种拟阵 M_r 称为模糊拟阵 M 的 r-水平拟阵.

因为 E 是有限集, E 的子集也是有限的, 所以只有有限个这样的子集族, 进而只有有限个不同的拟阵. 由此, 可以得出结论: 存在一个有限序列 $r_0 < r_1 < \cdots < r_n$, 使得

(1) $r_0 = 0, r_n \leqslant 1$.

(2) 若 $0 < s \leqslant r_n$, 则 $I_s \neq \{\varnothing\}$; 若 $s > r_n$, 则 $I_s = \{\varnothing\}$.

(3) 若 $r_i < s, t < r_{i+1}$, 则 $I_s = I_t$, 其中 $0 \leqslant i \leqslant n-1$.

(4) 若 $r_i < s < r_{i+1} < t < r_{i+2}$, 则 $I_s \supset I_t$, 其中 $0 \leqslant i \leqslant n-2$.

序列 $r_0 < r_1 < \cdots < r_n$ 称为模糊拟阵 M 的基本序列.

定理 3.1.2 设 $M = (E, \Psi)$ 是一个模糊拟阵, $0 < r \leqslant 1$, $M_r = (E, I_r)$ 为 M 的 r-水平拟阵. 令

$$\Psi' = \{\mu \in F(E) | C_r(\mu) \in I_r, 0 < r \leqslant 1\},$$

则 $\Psi' = \Psi$.

定义 3.1.2 设有模糊拟阵 $M = (E, \Psi)$, 其基本序列为 $0 = r_0 < r_1 < \cdots < r_n \leqslant 1$, 对 $1 \leqslant i \leqslant n$, 设 $\bar{r}_i = \dfrac{r_i + r_{i-1}}{2}$, 则称拟阵序列

$$M_{\bar{r}_1} \supset M_{\bar{r}_2} \supset \cdots \supset M_{\bar{r}_n}$$

为 M 的导出拟阵序列, 其中 $M_{\bar{r}_i} = (E, I_{\bar{r}_l})$.

3.2 闭模糊拟阵

下面介绍一种比较规范的模糊拟阵 —— 闭模糊拟阵, 它是一种值得研究的重要模糊拟阵类型, 人们对它的研究成果也比较丰富.

定义 3.2.1 设 $M = (E, \Psi)$ 是一个模糊拟阵, $0 = r_0 < r_1 < \cdots < r_n \leqslant 1$ 为 M 的基本序列. 如果对任意的 $r_i < r < r_{i+1}(0 \leqslant i \leqslant n-1)$ 都有 $I_r = I_{r_{i+1}}$(I_r 如定理 3.1.1 所定义), 则称模糊拟阵 M 是闭模糊拟阵.

相对于定理 3.1.1, 有下述结论.

定理 3.2.1 设 E 是有限集, $0 = r_0 < r_1 < \cdots < r_n \leqslant 1$ 是一有限序列, $(E, I_{r_1})(E, I_{r_2}), \cdots, (E, I_{r_n})$ 是 E 上的一个拟阵序列, 且满足 $I_{r_{i-1}} \supset I_{r_i}(2 \leqslant i \leqslant n)$. 并对任意的 r:

当 $r_{i-1} < r < r_i(1 \leqslant i \leqslant n)$ 时, 令 $I_r = I_{r_i}$;

当 $r_n < r \leqslant 1$ 时, 令 $I_r = \{\varnothing\}$.

若令

$$\Psi = \{\mu \in F(E) | C_r(\mu) \in I_r, 0 < r \leqslant 1\},$$

则 $M = (E, \Psi)$ 是一个闭模糊拟阵, 且其基本序列为 $0 = r_0 < r_1 < \cdots < r_n \leqslant 1$, 导出拟阵序列为 $M_{r_1} \supset M_{r_2} \supset \cdots \supset M_{r_n}$, 其中 $M_{r_i} = (E, I_{r_i})$ $(i = 1, 2, \cdots, n)$.

注 当 $\bar{r}_i = \dfrac{r_i + r_{i-1}}{2}$ 时, 显然有 $M_{r_i} = M_{\bar{r}_i}$.

根据以上的定义和定理, 可以得出如下定理.

定理 3.2.2 $M_1 = (E_1, \Psi_1), M_2 = (E_2, \Psi_2)$ 是 E 上的两个模糊拟阵, 若 M_1 与 M_2 有相同的基本序列和导出拟阵序列, 则 $M_1 = M_2$.

该定理说明, 模糊拟阵可以完全由其基本序列和导出拟阵序列所唯一确定.

定理 3.2.3 设 $M = (E, \Psi)$ 是模糊拟阵, $0 = r_0 < r_1 < \cdots < r_n \leqslant 1$ 为 M 的基本序列. 设 $\mu \in F(E)$, 则 M 是闭的当且仅当对任意的 $\mu \in \Psi$, 存在一个模糊基 $\nu \in \Psi$, 使得

$$\mu \leqslant \nu.$$

有一种比闭模糊拟阵更特殊的模糊拟阵 —— 闭正规模糊拟阵.

定义 3.2.2 设有模糊拟阵 $M = (E, \Psi)$, 如果对任意的 $0 \leqslant r < s \leqslant 1$, 对 $M_r = (E, I_r)$ 的每一个基 B, 都存在 $M_s = (E, I_s)$ 的一个基 A, 使得 $A \subseteq B$, 则称模糊拟阵 $M = (E, \Psi)$ 是正规的.

根据上述定义, 容易得到以下结论.

定理 3.2.4 设 $M = (E, \Psi)$ 是一个闭正规模糊拟阵, $0 = r_0 < r_1 < \cdots < r_n \leqslant 1$ 是 M 的基本序列, 且 A_i 是 (E, I_i) 的基, B_j 是 (E, I_j) 的基, 其中 $i < j$, 那么 $|A_i| < |B_j|$.

定理 3.2.5 设 $M = (E, \Psi)$ 是一个模糊拟阵, 则 M 是闭正规的当且仅当 M 的基有相同的势.

第4章 模糊拟阵的模糊独立集

模糊拟阵的模糊独立集是模糊拟阵构成的核心, 模糊基是重要的模糊独立集, 是模糊拟阵的重要标志, 模糊基集可以确定一个模糊拟阵. 本章主要介绍了模糊独立集和模糊基的概念, 讨论了模糊基的判定、基交换, 以及闭正规模糊拟阵的基本序列等.

4.1 模糊独立集与模糊基

在模糊拟阵中, 模糊基是模糊拟阵的一个重要而基本的概念, 下面引入它的概念和一些性质.

定义 4.1.1 设有模糊拟阵 $M = (E, \Psi)$, $\mu \in F(E)$. 若 $\mu \in \Psi$, 则称 μ 为 M 的模糊独立集.

定义 4.1.2 设有模糊拟阵 $M = (E, \Psi)$, $\mu \in \Psi$, 若对任意的 $\nu \in \Psi$, 并且 $\mu \leqslant \nu$, 都有 $\mu = \nu$, 则称 μ 为模糊拟阵 M 的模糊基, 即模糊拟阵 M 的模糊基 μ 是 M 的极大模糊独立集.

定理 4.1.1 设 $M = (E, \Psi)$ 是一个模糊拟阵, $\mu \in F(E)$. 令

$$\mathrm{I}_r = \{C_r(\mu) | \forall \mu \in \Psi\},$$

其中 $0 < r \leqslant 1$, $C_r(\mu) = \{x \in E | \mu(x) \geqslant r\}$, $\mathrm{M}_r = (E, \mathrm{I}_r)$. 则对任意的 μ 有, $\mu \in \Psi$ 当且仅当对任意的 $\beta \in R^+(\mu)$, 都有 $C_\beta(\mu) \in \mathrm{I}_\beta$.

定理 4.1.2 设 $M = (E, \Psi)$ 是一个模糊拟阵, $0 = r_0 < r_1 < \cdots < r_n \leqslant 1$ 为基本序列. 若 μ 是 M 的模糊基, 则有 $R^+(\mu) \subseteq \{r_1, r_2, \cdots, r_n\}$.

定理 4.1.3 设 $M = (E, \Psi)$ 是一个闭正规模糊拟阵, $0 = r_0 < r_1 < \cdots < r_n \leqslant 1$ 是 M 的基本序列. 如果 μ 是 M 的一个模糊基, 那么 $R^+(\mu) = \{r_1, r_2, \cdots, r_n\}$, 而且 $C_{r_i}(\mu)$ 是 (E, I_{r_i}) 的基 (其中 $1 \leqslant i \leqslant n$).

定义 4.1.3 设 $M = (E, \Psi)$ 是一个模糊拟阵, $\boldsymbol{B}$ 是 M 的模糊基集. 若对任意 $\mu_1, \mu_2 \in \boldsymbol{B}$, 都有 $\mu_1 = \mu_2$ 当且仅当 $\operatorname{supp}\mu_1 = \operatorname{supp}\mu_2$, 则

称 M 为基好模糊拟阵.

定理 4.1.4　设 $M = (E, \Psi)$ 是一个闭模糊拟阵, $0 = r_0 < r_1 < \cdots < r_n \leqslant 1$ 为其基本序列, $\mathrm{M}_{r_1} \supset \mathrm{M}_{r_2} \supset \cdots \supset \mathrm{M}_{r_n}$ 为其导出拟阵序列, 其中 $\mathrm{M}_{r_i} = (E, \mathrm{I}_{r_i})\,(i = 1, 2, \cdots, n)$. $\boldsymbol{B}$ 为其模糊基集. 则下列论述等价:

(1) M 是基好的;

(2) 对任意的 $\mu_1, \mu_2 \in \boldsymbol{B}$, 任意的 $e \in \mathrm{supp}\mu_1 \cap \mathrm{supp}\mu_2$, 都有 $\mu_1(e) = \mu_2(e)$.

下面将讨论模糊基的支撑集的数量问题.

定理 4.1.5　设 $M = (E, \Psi)$ 是一个闭正规模糊拟阵, $0 = r_0 < r_1 < \cdots < r_n \leqslant 1$ 为 M 的基本序列, 其导出拟阵序列为 $\mathrm{M}_{r_1} \supset \mathrm{M}_{r_2} \supset \cdots \supset \mathrm{M}_{r_n}$, 其中 $\mathrm{M}_{r_i} = (E, \mathrm{I}_{r_i})\,(i = 1, 2, \cdots, n)$. 设 $\mu \in F(E)$, 且 μ 为 M 的模糊基, 则

(1) $|\mathrm{supp}\mu| = R(\mathrm{M}_{r_1})$;

(2) $|\mathrm{supp}\mu| \geqslant n$;

(3) 若 $|\mathrm{supp}\mu| = n$, 则 $|\mu| = \sum\limits_{i=1}^{n} r_i$.

证明　(1) 因为 $M = (E, \Psi)$ 是闭正规模糊拟阵, μ 是 M 的模糊基, 故由定理 4.1.3 知, $C_{r_1}(\mu)$ 是 M_{r_1} 的基. 而 $\mathrm{supp}\mu = C_{r_1}(\mu)$, 所以

$$|\mathrm{supp}\mu| = |C_{r_1}(\mu)| = R(\mathrm{M}_{r_1}).$$

(2) 由已知及定理 4.1.3 知

$$|\mathrm{supp}\mu| \geqslant |R^+(\mu)| = |\{r_1, r_2, \cdots, r_n\}| = n.$$

(3) 若 $|\mathrm{supp}\mu| = n$, 又因 $R^+(\mu) = \{r_1, r_2, \cdots, r_n\}$, 故 $\mathrm{supp}\mu$ 与 $R^+(\mu)$ 中的元素必是一一对应的, 因而

$$|\mu| = \sum_{x \in \mathrm{supp}\mu} \mu(x) = \sum_{i=1}^{n} r_i.$$

4.2　模糊基的判定

首先, 给出了模糊基的一个必要条件.

定理 4.2.1 $M = (E, \Psi)$ 是一个模糊拟阵, $0 = r_0 < r_1 < \cdots < r_n \leqslant 1$ 为 M 的基本序列, $\mu \in F(E)$, 若 μ 是 M 的模糊基, 则

(1) $R^+(\mu) \subseteq \{r_1, r_2, \cdots, r_n\}$;

(2) 对任意的 $r \in R^+(\mu)$, 都有

$$C_r(\mu) \in I_r,$$

且当 $r_1 \leqslant r \leqslant m(\mu)$ 时, 有

$$C_r(\mu) = C_{m(\mu)}(\mu) \text{ 是 } (E, I_r) \text{ 的基}.$$

证明 (1) 由 μ 是 M 的模糊基及定理 4.1.2 有

$$R^+(\mu) \subseteq \{r_1, r_2, \cdots, r_n\}.$$

(2) 因为 μ 是 M 的模糊基, 所以 $\mu \in \Psi$.

由定理 4.1.1 知, 对任意的 $r \in R^+(\mu)$, 都有

$$C_r(\mu) \in I_r.$$

假设存在 $\alpha \in R^+(\mu)$, 当 $r_1 \leqslant \alpha \leqslant m(\mu)$ 时, $C_\alpha(\mu)$ 不是 (E, I_α) 的基. 因为 $C_\alpha(\mu) = C_{m(\mu)}(\mu) \in I_{m(\mu)}$, $I_{m(\mu)} \subseteq I_\alpha$, 所以

$$C_\alpha(\mu) \in I_\alpha.$$

于是, 存在 (E, I_α) 的基 A, 使得

$$C_\alpha(\mu) \subset A.$$

令

$$\omega(x) = \begin{cases} m(\mu), & x \in A \backslash C_\alpha(\mu), \\ \mu(x), & x \in C_\alpha(\mu), \\ 0, & \text{其他}. \end{cases}$$

于是有

$$\mu < \omega,$$

$$R^+(\omega) = R^+(\mu) \subseteq \{r_1, r_2, \cdots, r_n\},$$

$$C_{m(\mu)}(\omega) = A \in I_\alpha,$$

并对任意的 $r \in R^+(\omega), r > m(\mu)$, 都有

$$C_r(\omega) = C_r(\mu) \in I_r.$$

因此, 由定理 4.1.1 知

$$\omega \in \Psi.$$

又因为 $\mu < \omega$, 所以 μ 不是 M 的极大模糊独立集, 这与 μ 是 M 的模糊基矛盾. 所以, 对任意的 $r \in R^+(\mu)$, 当 $r_1 \leqslant r \leqslant m(\mu)$ 时, 有

$$C_r(\mu) = C_{m(\mu)}(\mu) 是 (E, I_r) 的基.$$

接下来, 给出了判定模糊基的一个充要条件.

定理 4.2.2　设 $M = (E, \Psi)$ 是一个闭模糊拟阵, $0 = r_0 < r_1 < \cdots < r_n \leqslant 1$ 为 M 的基本序列, 导出拟阵序列为 $M_{r_1} \supset M_{r_2} \supset \cdots \supset M_{r_n}$, 其中 $M_{r_i} = (E, I_{r_i})(i = 1, 2, \cdots, n)$. $\mu \in F(E)$, μ 是 M 的模糊基当且仅当 μ 满足

(1) $R^+(\mu) \subseteq \{r_1, r_2, \cdots, r_n\}$;

(2) 对任意的 $r \in R^+(\mu)$, 都有

$$C_r(\mu) \in I_r,$$

且当 $r_1 \leqslant r \leqslant m(\mu)$ 时, 有

$$C_r(\mu) = C_{m(\mu)}(\mu) 是 (E, I_r) 的基;$$

(3) 假定 $I_{m(\mu)} = I_{r_k}$, 设 $A_k = \operatorname{supp}\mu$ 是 I_{r_k} 的基, 若有 I_{r_i} 中 A_{i-1} 的极大子集 $A_i(k+1 \leqslant i \leqslant n)$, 使得

$$A_n \subseteq A_{n-1} \subseteq \cdots \subseteq A_{k+1} \subseteq A_k,$$

则对任意的 $x \in A_n$, 有 $\mu(x) = r_n$. 对任意的 $x \in A_i \backslash A_{i+1}(k \leqslant i \leqslant n-1)$, 有 $\mu(x) = r_i$.

证明　$\Longrightarrow$　由定理 4.2.1 知, (1), (2) 成立.

(3) 设 $A_k = \operatorname{supp}\mu$ 是 $I_{m(\mu)} = I_{r_k}$ 的基, 且设 $A_i = C_{r_i}(\mu)(k+1 \leqslant i \leqslant n)$. 因为 $C_{r_n}(\mu) \subseteq C_{r_{n-1}}(\mu) \subseteq \cdots \subseteq C_{r_{k+1}}(\mu) \subseteq C_{r_k}(\mu)$, 所以

$$A_n \subseteq A_{n-1} \subseteq \cdots \subseteq A_{k+1} \subseteq A_k.$$

下面证明 A_i 是 I_{r_i} 中 A_{i-1} 的极大子集 $(k \leqslant i \leqslant n-1)$.

假设存在 $A_i(k+1 \leqslant i \leqslant n)$, 使得 A_i 不是 I_{r_i} 中的 A_{i-1} 的极大子集, 则存在 I_{r_i} 中的 A_{i-1} 的极大子集 B, 使得

$$B \supset A_i.$$

当 $i = k+1$ 时, 取

$$\omega(x) = \begin{cases} r_k, & x \in A_k \backslash B, \\ r_{k+1}, & x \in B \backslash A_{k+1}, \\ \mu(x), & x \in A_{k+1}. \end{cases}$$

当 $k+2 \leqslant i \leqslant n$ 时, 取

$$\omega(x) = \begin{cases} r_j, & x \in A_j \backslash A_{j+1} \quad (k \leqslant j \leqslant i-2), \\ r_{i-1}, & x \in A_{i-1} \backslash B, \\ r_i, & x \in B \backslash A_i, \\ \mu(x), & x \in A_i. \end{cases}$$

于是

$$\mu < \omega.$$

而 $C_{r_i}(\omega) = B \in \mathrm{I}_{r_i}$, 且对任意的 $k \leqslant j \leqslant i+1$, 都有

$$C_{r_j}(\omega) = A_j \in \mathrm{I}_{r_i},$$

对任意的 $j(i+1 \leqslant j \leqslant n)$, 都有

$$C_{r_j}(\omega) = C_{r_j}(\mu) \in \mathrm{I}_{r_j},$$

所以, 由定理 4.1.3 知

$$\omega \in \Psi.$$

因而 μ 不是 M 的极大模糊独立集, 与已知矛盾, 即 A_i 是 I_{r_i} 中的 A_{i-1} 的极大子集, 其中 $k+1 \leqslant i \leqslant n$.

显然, 对任意的 $x \in A_n = C_{r_n}(\mu)$, 都有

$$\mu(x) = r_n.$$

对任意的 $x \in A_i \backslash A_{i+1} = C_{r_i}(\mu) \backslash C_{r_{i+1}}(\mu) \, (k \leqslant i \leqslant n-1)$, 都有

$$\mu(x) = r_i.$$

$\Longleftarrow$　由 $\mu \in F(E)$, $R^+(\mu) \subseteq \{r_1, r_2, \cdots, r_n\}$, 且对任意的 $r \in R^+(\mu)$, 都有 $C_r(\mu) \in \mathrm{I}_r$ 知

$$\mu \in \varPsi.$$

假设 μ 不是 M 的模糊基, 因为 $\mu \in \varPsi$, 所以, 由 M 是一个闭模糊拟阵及定理 3.2.3 知, 存在 M 的模糊基 ω, 使得

$$\mu < \omega.$$

因而有

$$m(\mu) \leqslant m(\omega),$$

$$\mathrm{supp}\mu \subseteq \mathrm{supp}\,\omega.$$

若 $m(\mu) \leqslant m(\omega)$, $\mathrm{supp}\mu = \mathrm{supp}\,\omega$, 因 ω 是 M 的模糊基及必要性知, 存在 k, 使得

$$A_k = \mathrm{supp}\mu = \mathrm{supp}\,\omega \text{ 是 } \mathrm{I}_{r_k} \text{ 的基.}$$

而 A_i 是 I_{r_i} 中 A_{i-1} 的极大子集, 其中 $k+1 \leqslant i \leqslant n$, 且

$$A_n \subseteq A_{n-1} \subseteq \cdots \subseteq A_{k+1} \subseteq A_k,$$

所以, 对任意的 $x \in A_n$, 都有

$$\mu(x) = r_n,$$

对任意的 $x \in A_i \backslash A_{i+1} (k \leqslant i \leqslant n-1)$, 都有

$$\mu(x) = r_i.$$

因而, 对任意的 $x \in \mathrm{supp}\mu = \mathrm{supp}\,\omega$, 都有

$$\mu(x) = \omega(x),$$

即 $\mu = \omega$, 与假设矛盾.

若 $m(\mu) \leqslant m(\omega)$, $\mathrm{supp}\mu \subset \mathrm{supp}\,\omega$, 由模糊基 ω 及必要性知, 当 $r_1 \leqslant r \leqslant m(\mu) \leqslant m(\omega)$ 时, 有

$$C_r(\omega) = C_{m(\omega)}(\omega) \text{是} (E, \mathrm{I}_r) \text{的基}.$$

不妨取 $r = r_1$, 则

$$C_{r_1}(\omega) = C_{m(\omega)}(\omega) = \mathrm{supp}\,\omega \text{是} (E, \mathrm{I}_{r_1}) \text{的基}.$$

而 $C_{r_1}(\mu) = C_{m(\omega)}(\mu) = \mathrm{supp}\mu$ 也是 (E, I_{r_1}) 的基, 这与 $\mathrm{supp}\mu \subset \mathrm{supp}\,\omega$, 矛盾. 所以, 当 μ 满足 (1)—(3) 时, μ 是 M 的模糊基.

根据定理 4.2.2, 可以得到以下推论.

推论 4.2.1　设 $M = (E, \Psi)$ 是一个闭模糊拟阵, $0 = r_0 < r_1 < \cdots < r_n \leqslant 1$ 为 M 的基本序列, 导出拟阵序列为 $\mathrm{M}_{r_1} \supset \mathrm{M}_{r_2} \supset \cdots \supset \mathrm{M}_{r_n}$, 其中 $\mathrm{M}_{r_i} = (E, \mathrm{I}_{r_i})\,(i = 1, 2, \cdots, n)$. 设 $\mu \in F(E)$, 如果

(1) $R^+(\mu) \subseteq \{r_1, r_2, \cdots, r_n\}$;

(2) 对任意的 $r \in R^+(\mu)$, 都有 $C_r(\mu) \in \mathrm{I}_r$, 且 $C_{r_1}(\mu)$ 是 (E, I_{r_1}) 的基;

(3) 设 $A_1 = \mathrm{supp}\mu$ 是 I_{r_1} 的基, 若有 I_{r_1} 中 A_{i-1} 的极大子集 A_i $(2 \leqslant i \leqslant n)$, 使得

$$A_n \subseteq A_{n-1} \subseteq \cdots \subseteq A_2 \subseteq A_1,$$

则对任意的 $x \in A_n$, 有

$$\mu(x) = r_n.$$

对任意的 $x \in A_i \backslash A_{i+1}(1 \leqslant i \leqslant n-1)$, 有

$$\mu(x) = r_i.$$

那么, μ 是 M 的模糊基.

证明　由定理 4.2.2 可直接得到.

推论 4.2.2　$M = (E, \Psi)$ 是一个闭模糊拟阵, $0 = r_0 < r_1 < \cdots < r_n \leqslant 1$ 为 M 的基本序列, 导出拟阵序列为 $\mathrm{M}_{r_1} \supset \mathrm{M}_{r_2} \supset \cdots \supset \mathrm{M}_{r_n}$, 其中 $\mathrm{M}_{r_i} = (E, \mathrm{I}_{r_i})\,(i = 1, 2, \cdots, n)$. 设 $\mu \in F(E)$, 若

(1) $R^+(\mu) = \{r_n\}$;

(2) $C_{r_n}(\mu)$ 是 $(E, \mathrm{I}_{r_i})\,(1 \leqslant i \leqslant n)$ 的基,

则 μ 是 M 的模糊基.

证明 因为 $\mu \in F(E)$, $R^+(\mu) = \{r_n\}$, $C_{r_n}(\mu)$ 是 $(E, \mathrm{I}_{r_i})\,(1 \leqslant i \leqslant n)$ 的基, 所以由定理 4.1.1 知

$$\mu \in \Psi.$$

假设 μ 不是 M 的模糊基, 则存在 M 的模糊基 ω, 使得

$$\mu < \omega.$$

因而有 $\mathrm{supp}\mu \subseteq \mathrm{supp}\,\omega$, 由定理 4.1.2 知

$$R^+(\omega) \subseteq \{r_1, r_2, \cdots, r_n\}.$$

若 $\mathrm{supp}\mu = \mathrm{supp}\,\omega$, 由于任意的 $x \in \mathrm{supp}\mu = \mathrm{supp}\,\omega$, 都有

$$\mu(x) = r_n.$$

因此, 不可能有 $\mu < \omega$. 所以必有

$$\mathrm{supp}\mu \subset \mathrm{supp}\,\omega.$$

而由定理 4.2.1 知, $\mathrm{supp}\,\omega = C_{m(\omega)}(\omega)$ 是 (E, I_{r_1}) 的基, 因而 $C_{r_n}(\mu)$ 不可能是 (E, I_{r_1}) 的基, 与已知矛盾. 所以 μ 是 M 的模糊基.

推论 4.2.3 设 $M = (E, \Psi)$ 是闭正规模糊拟阵, $0 = r_0 < r_1 < \cdots < r_n \leqslant 1$ 为 M 的基本序列, 导出拟阵序列为 $\mathrm{M}_{r_1} \supset \mathrm{M}_{r_2} \supset \cdots \supset \mathrm{M}_{r_n}$, 其中 $\mathrm{M}_{r_i} = (E, \mathrm{I}_{r_i})\,(i = 1, 2, \cdots, n)$. 设 $\mu \in F(E)$, 如果 $R^+(\mu) = \{r_1, r_2, \cdots, r_n\}$, 且对任意的 $(1 \leqslant i \leqslant n)$ 都有 $C_{r_i}(\mu)$ 是 (E, I_{r_i}) 的基, 那么 μ 是 M 的一个模糊基. (本推论是定理 4.1.3 的逆定理.)

证明 因为 $R^+(\mu) = \{r_1, r_2, \cdots, r_n\}$, 且对任意的 $(1 \leqslant i \leqslant n)$, 都有

$$C_{r_i}(\mu) \text{ 是 } (E, \mathrm{I}_{r_i}) \text{ 的基},$$

所以 $\mu \in \Psi$.

假设 μ 不是 M 的一个模糊基, 因为 M 是闭模糊拟阵, 所以由定理 3.2.3 知, 存在 M 的一个模糊基 ω, 使得

$$\mu < \omega.$$

于是有

$$\mathrm{supp}\mu \subseteq \mathrm{supp}\,\omega.$$

因为 $M = (E, \Psi)$ 是闭正规的模糊拟阵, ω 是模糊基, 所以, 由定理 4.1.3 知, $R^+(\mu) = \{r_1, r_2, \cdots, r_n\}$, 且对任意的 $1 \leqslant i \leqslant n$, 都有

$$C_{r_i}(\omega) \text{ 是 } (E, \mathrm{I}_{r_i}) \text{ 的基}.$$

于是 $\mathrm{supp}\mu, \mathrm{supp}\,\omega$ 都是 (E, I_{r_1}) 的基, 且 $\mathrm{supp}\mu \subseteq \mathrm{supp}\,\omega$, 所以有

$$C_{r_1}(\mu) = \mathrm{supp}\mu \subseteq \mathrm{supp}\,\omega = C_{r_1}(\omega).$$

由 $C_{r_1}(\mu) = C_{r_1}(\omega)$, $\mu < \omega$ 知

$$C_{r_2}(\mu) \subseteq C_{r_2}(\omega),$$

而 $C_{r_2}(\mu)$ 和 $C_{r_2}(\omega)$ 都是 (E, I_{r_2}) 的基, 所以

$$C_{r_2}(\mu) = C_{r_2}(\omega).$$

重复上述讨论可得, 对任意的 $1 \leqslant i \leqslant n$ 都有

$$C_{r_i}(\mu) = C_{r_i}(\omega).$$

因此 $\mu = \omega$, 这与假设矛盾. 所以 μ 是 M 的一个模糊基.

4.3 模糊基交换定理

引理 4.3.1 设 $M = (E, \Psi)$ 是一闭正规模糊拟阵, μ, ν 是 M 的模糊基 $(\mu \neq \nu)$, 则有

$$|\mathrm{supp}\mu| = |\mathrm{supp}\nu|.$$

证明　设闭正规模糊拟阵 M 的基本序列为 $0 = r_0 < r_1 < \cdots < r_n \leqslant 1$. 因 μ, ν 是 M 的模糊基, 故有

$$R^+ (\mu) = R^+ (\nu) = \{r_1, r_2, \cdots, r_n\},$$

且 $C_{r_i} (\mu)$, $C_{r_i} (\nu)$ 是 (E, I_{r_i}) 的基 (对所有 $1 \leqslant i \leqslant n$). 所以, $\mathrm{supp}\mu = C_{r_1} (\mu)$ 是 (E, I_{r_1}) 的基, $\mathrm{supp}\nu = C_{r_1} (\nu)$ 也是 (E, I_{r_1}) 的基, 由拟阵基的性质, 可以得到

$$|\mathrm{supp}\mu| = |\mathrm{supp}\nu|.$$

引理 4.3.2　设 $M = (E, \Psi)$ 是一闭正规模糊拟阵, 其基满足基好性. 设 μ, ν 是 M 的模糊基 $(\mu \neq \nu)$, 则对任意的 $e \in \mathrm{supp}\mu$, 存在 $e' \in \mathrm{supp}\nu$, 使得

$$(\mu \backslash\backslash_e) \|_{\nu^{e'}}, \quad (\nu \backslash\backslash_{e'}) \|_{\mu^e} \text{ 是} M \text{的模糊基}.$$

证明　因 $\mu \in \Psi$ 且 $\mu \backslash\backslash_e < \mu$, 故 $\mu \backslash\backslash_e \in \Psi$. 又 $|\mathrm{supp}\mu \backslash \{e\}| < |\mathrm{supp}\mu| = |\mathrm{supp}\nu|$, 则存在 $\omega \in \Psi$ 满足

(1) $\mu \backslash\backslash_e < \omega \leqslant (\mu \backslash\backslash_e) \vee \nu$;

(2) $m(\omega) \geqslant \min\{m (\mu \backslash\backslash_e), m(\nu)\}$.

由 (1) 知

$$\mathrm{supp}\mu \backslash \{e\} \subseteq \mathrm{supp}\,\omega \subseteq (\mathrm{supp}\mu \backslash \{e\}) \cup \mathrm{supp}\nu.$$

因 M 是闭正规模糊拟阵, 故存在 M 的模糊基 $\omega' \geqslant \omega$, 因此

$$\mathrm{supp}\mu \{e\} \subseteq \mathrm{supp}\omega'.$$

由已知条件, M 的基满足基好性, 则由定理 4.1.4 知, 当 $x \in \mathrm{supp}\mu \backslash \{e\}$ 时, 有

$$\omega' (x) = \mu (x).$$

因为 $\omega' \geqslant \omega$, 且 $\omega' > \mu \backslash\backslash_e$, 所以, 当 $x \in \mathrm{supp}\mu \backslash \{e\}$ 时, 有

$$\omega (x) = \mu (x).$$

于是由 (1) 知

$$\mathrm{supp}\mu \backslash \{e\} \subset \mathrm{supp}\,\omega \subseteq (\mathrm{supp}\mu \backslash \{e\}) \cup \mathrm{supp}\nu.$$

再由 ω' 是 M 的模糊基, 有

$$|\text{supp } \omega'| = |\text{supp}\mu| \quad \text{且} \quad \text{supp } \omega \subseteq \text{supp } \omega',$$

因此

$$\text{supp } \omega = \text{supp } \omega' = (\text{supp}\mu\backslash\{e\}) \cup \{e'\},$$

其中 $e' \in \text{supp}\nu\backslash\text{supp}(\mu\backslash\backslash_e)$.

因为 M 的基满足基好性, 由定理 4.1.4 知, 当 $x = e'$ 时 $\omega'(e') = v(e')$, 有

$$\omega'(x) = \begin{cases} 0, & x = e, \\ v(e'), & x = e'. \end{cases}$$

(这里由于 $|\omega'| = |\mu|$, 因此 $v(e') = \mu(e)$.)

因此 $(\mu\backslash\backslash_e)\,||_{\nu e'} = \omega'$ 是 M 的模糊基.

同理可证, $(\nu\backslash\backslash_{e'})\,||_{\mu^e}$ 也是 M 的模糊基.

定理 4.3.1 设 $M = (E, \Psi)$ 是一基本序列为 $0 = r_0 < r_1 < \cdots < r_n \leqslant 1$ 的闭正规模糊拟阵, 其基满足基好性. 设 μ, ν 是 M 的模糊基 $(\mu \neq \nu)$, 若 $|\text{supp}\mu| = n$, 则存在一个双射 $\pi : \text{supp}\mu \to \text{supp}\nu$, 使得对任意 $e \in \text{supp}\mu$, 都有

$$(\mu\backslash\backslash_e)\,||_{\nu^{\pi(e)}}, \quad \left(\nu\backslash\backslash_{\pi(e)}\right)\,||_{\mu^e} \text{是} M \text{的模糊基}.$$

证明 因为 μ, ν 是 M 的模糊基, 所以有

$$R^+(\mu) = R^+(\nu) = \{r_1, r_2, \cdots, r_n\}.$$

由引理 4.3.1 又有

$$|\text{supp}\mu| = |\text{supp } v|.$$

设 $\text{supp}\mu = \{e_1, e_2, \cdots, e_n\}$, 则在 $\text{supp}\nu$ 中必存在序列 $\{e'_1, e'_2, \cdots, e'_n\}$, 使得

$$\mu(e_i) = v(e'_i) \quad (i = 1, 2, \cdots, n).$$

令 $\pi(e_i) = e'_i$ $(i = 1, 2, \cdots, n)$, 由引理 4.3.2 及其证明过程知, 对任意 $e \in \text{supp}\mu$, 都有 $e' = \pi(e)$, 使得

$$(\mu\backslash\backslash_e)\,||_{\nu^{\pi(e)}}, \quad \left(\nu\backslash\backslash_{\pi(e)}\right)\,||_{\mu^e} \text{都是 } M \text{ 的模糊基}.$$

定理 4.3.2　设 $M = (E, \Psi)$ 是一基本序列为 $0 = r_0 < r_1 < \cdots < r_n \leqslant 1$ 的闭正规模糊拟阵, 其基满足基好性. 设 μ, ν 是 M 的模糊基 ($\mu \neq \nu$), 若 $|\mathrm{supppp}\mu| = n$, 则存在一个双射 $\pi : \mathrm{supp}\mu \to \mathrm{supp}\nu$, 使得对任意的 $s \subseteq \mathrm{supp}\mu$, 都有

$$\left(\mu \backslash\backslash_s\right) ||_{\nu^{\pi(s)}}, \; \left(\nu \backslash\backslash_{\pi(s)}\right) \Big\|_{\mu^s} \text{ 都是 } M \text{ 的模糊基.}$$

证明　设 $\mathrm{supp}\mu = \{e_1, e_2, \cdots, e_n\}$, 由定理 4.3.1 的证明过程知, 在 $\mathrm{supp}\,\nu$ 中存在序列 $\{e'_1, e'_2, \cdots, e'_n\}$, 使得

$$\mu(e) = \nu(e'_i) \quad (i = 1, 2, \cdots, n).$$

令 $\pi(e_i) = e'_i (i = 1, 2, \cdots, n)$. 当 $|s| = 1$ 时, 结论显然成立.

假定 $|s| < k$ 时定理成立, 现假设 $|s| = k > 1$, 令

$$s' = s \backslash\backslash_a \quad (a \in s).$$

因 $|s'| < k$, 由归纳假定知

$$\left(\mu \backslash\backslash_{s'}\right) ||_{\nu^{\pi(s')}}, \; \left(\nu \backslash\backslash_{\pi(s')}\right) \Big\|_{\mu^{s'}} \text{ 都是 } M \text{ 的模糊基.}$$

因为 $(\mu \backslash\backslash_s) ||_{\nu^{\pi(s')}} < (\mu \backslash\backslash_{s'}) ||_{\nu^{\pi(s')}}$, 所以

$$\left(\mu \backslash\backslash_s\right) ||_{\nu^{\pi(s')}} \in \Psi.$$

又因为 $\left|\mathrm{supp}\left((\mu \backslash\backslash_s) ||_{\nu^{\pi(s')}}\right)\right| < \left|\mathrm{supp}\left(\left(\nu \backslash\backslash_{\pi(s')}\right) \Big\|_{\mu^{s'}}\right)\right|$, 所以存在 $\omega \in \psi$ 满足

(1) $(\mu \backslash\backslash_s) ||_{\nu^{\pi(s')}} < \omega \leqslant ((\mu \backslash\backslash_s) ||_{\nu^{\pi(s')}}) \vee ((\nu \backslash\backslash_{\pi(s')}) ||_{\mu^{s'}})$;

(2) $m(\omega) \geqslant \min\{m((\mu \backslash\backslash_s) ||_{\nu^{\pi(s')}}), m((\nu \backslash\backslash_{\pi(s')}) ||_{\mu^{s'}})\}$.

由引理 4.3.2 的证明过程知, 存在 M 的模糊基 $\omega' = (\mu \backslash\backslash_s) ||_{\nu^{\pi(s)}}$ (这里 $s = s' \cup b, b \in \mathrm{supp}\nu \backslash \mathrm{supp}(\mu \backslash\backslash_s)$, 且 $b = \pi(a)$). 因此, $(\mu \backslash\backslash_s) ||_{\nu^{\pi(s)}}$ 是 M 的模糊基.

同理可证, $\left(\nu \backslash\backslash_{\pi(s)}\right) \Big\|_{\mu^s}$ 也是 M 的模糊基.

推论 4.3.1　设 $M = (E, \Psi)$ 是一基本序列为 $0 = r_0 < r_1 < \cdots < r_n \leqslant 1$ 的闭正规模糊拟阵, 其基满足基好性. 设 μ, ν 是 M 的模糊基

$(\mu \neq \nu)$, $s_1, s_2, \cdots, s_k$ 是 $\mathrm{supp}\mu$ 的任一剖分, 若 $|\mathrm{supp}\mu| = n$, 则在 $\mathrm{supp}\nu$ 中也存在一个剖分 $s_1', s_2', \cdots, s_k'$, 使对任意的 $i = 1, 2, \cdots, k$ 都有

$$\left(\mu \backslash\backslash_{s_i'} \right) \Big\|_{\nu^{s_i'}} 是 M 的模糊基.$$

4.4 闭正规模糊拟阵的基本序列

在对闭正规模糊拟阵的研究过程中, 我们得到了它的一个充要条件.

定理 4.4.1 $M = (E, \Psi)$ 是一个模糊拟阵, $0 = r_0 < r_1 < \cdots < r_n \leqslant 1$ 为 M 的基本序列, 则 $M = (E, \Psi)$ 是闭正规模糊拟阵当且仅当 $M = (E, \Psi)$ 满足以下条件:

(1) $M = (E, \Psi)$ 的导出拟阵序列为 $\mathrm{M}_{r_1} \supset \mathrm{M}_{r_2} \supset \cdots \supset \mathrm{M}_{r_n}$, 其中 $\mathrm{M}_{r_i} = (E, \mathrm{I}_{r_i}) \, (i = 1, 2, \cdots, n)$;

(2) 对 $M = (E, \Psi)$ 的模糊基 μ, 都有 $R^+(\mu) = \{r_1, r_2, \cdots, r_n\}$, 且对任意的 $1 \leqslant i \leqslant n$ 都有

$$C_{r_i}(\mu) 是 (E, \mathrm{I}_{r_i}) 的一个基.$$

证明 $\Longrightarrow$ 略.

$\Longleftarrow$ 由 (1), $M = (E, \Psi)$ 的导出拟阵序列为 $\mathrm{M}_{r_1} \supset \mathrm{M}_{r_2} \supset \cdots \supset \mathrm{M}_{r_n}$, 其中 $\mathrm{M}_{r_i} = (E, \mathrm{I}_{r_i}) \, (i = 1, 2, \cdots, n)$, 则由定义 3.1.2、定义 3.2.1、定理 3.1.3 和定理 3.2.1 知, $M = (E, \Psi)$ 是闭的.

要证 $M = (E, \Psi)$ 是正规的, 只需证明 $M = (E, \Psi)$ 的任意两个基的势相同即可.

设 μ, ν 为 $M = (E, \Psi)$ 的任意两个模糊基, 则

$$R^+(\mu) = R^+(\nu) = \{r_1, r_2, \cdots, r_n\},$$

且对任意的 $1 \leqslant i \leqslant n$ 都有

$$C_{r_i}(\mu) \quad 和 \quad C_{r_i}(\nu) 都是 (E, \mathrm{I}_{r_i}) 的基.$$

所以 $|C_{r_i}(\mu)| = |C_{r_i}(\nu)|$, 于是

$$|\mu| = |\nu|,$$

即 M 的任意两个基的势都相等, 故 M 是正规的.

下面给出满足一定条件的两个闭正规模糊拟阵的基本序列可以得到另一闭正规模糊拟阵的基本序列.

定理 4.4.2　设 $M_1 = (E, \Psi_1)$ 是一个闭正规模糊拟阵, $0 = r_0 < r_1 < \cdots < r_m < 1$ 为 M_1 的基本序列, 导出拟阵序列为 $\mathrm{M}_{r_1} \supset \mathrm{M}_{r_2} \supset \cdots \supset \mathrm{M}_{r_n}$, 其中 $\mathrm{M}_{r_k} = (E, \mathrm{I}_{r_k})\,(1 \leqslant k \leqslant m)$. 设 $M_2 = (E, \Psi_2)$ 也是一个闭正规模糊拟阵, $0 = s_m < s_{m+1} < \cdots < s_n \leqslant 1$ 为 M_2 的基本序列, 导出拟阵序列为 $\mathrm{M}_{s_{m+1}} \supset \mathrm{M}_{s_{m+2}} \supset \cdots \supset \mathrm{M}_{s_n}$, 其中 $\mathrm{M}_{s_k} = (E, \mathrm{I}_{s_k})\,(m+1 \leqslant k \leqslant n)$, 且 $r_m < s_{m+1}$. 若 $\mathrm{I}_{r_m} \supset \mathrm{I}_{s_{m+1}}$, 且对 (E, I_{r_m}) 的任意基 B, 都有 $(E, \mathrm{I}_{s_{m+1}})$ 的基 A, 使得 $B \supset A$, 则

$$0 = r_0 < r_1 < \cdots < r_m < r_{m+1} < \cdots < r_n \leqslant 1$$

是某一闭正规模糊拟阵的基本序列, 其中 $r_k = s_k (m+1 \leqslant k \leqslant n)$.

证明　设 $r_k = s_k (m+1 \leqslant k \leqslant n)$. 因为 $M_1 = (E, \Psi_1)$ 和 $M_2 = (E, \Psi_2)$ 都是闭模糊拟阵, 且 $\mathrm{I}_{r_m} \supset \mathrm{I}_{s_{m+1}} = \mathrm{I}_{r_{m+1}}$, 所以

$$\mathrm{I}_{r_1} \supset \mathrm{I}_{r_2} \supset \cdots \supset \mathrm{I}_{r_m} \supset \mathrm{I}_{r_{m+1}} \supset \cdots \supset \mathrm{I}_{r_n}.$$

于是, 对任意的 r:

当 $r_{i-1} < r \leqslant r_i (1 \leqslant i \leqslant n)$ 时, 令 $\mathrm{I} = \mathrm{I}_{r_i}$;

当 $r_n < r \leqslant 1$ 时, 令 $\mathrm{I}_r = \varnothing$.

设 $\Psi = \{\mu \in F(E) | C_r(\mu) \in \mathrm{I}_r, 0 < r \leqslant 1\}$. 由定理 3.2.1 知, $M = (E, \Psi)$ 是一闭模糊拟阵, 且其基本序列为

$$0 = r_0 < r_1 < \cdots < r_m < r_{m+1} < \cdots < r_n \leqslant 1,$$

导出拟阵序列为

$$\mathrm{M}_{r_1} \supset \mathrm{M}_{r_2} \supset \cdots \supset \mathrm{M}_{r_m} \supset \mathrm{M}_{r_{m+1}} \supset \cdots \supset \mathrm{M}_{r_n}.$$

下面证明 M 是正规的.

因为 $M_1 = (E, \Psi_1)$ 和 $M_2 = (E, \Psi_2)$ 都是闭正规的, 由定义 3.2.2 知: 当 $i > m$ 或 $j < m(i < j)$ 时, 对 (E, I_{r_i}) 的任意一个基 B, 都有 (E, I_{r_j})

的一个基 A, 使得

$$B \supset A.$$

而 $\mathrm{I}_{r_m} \supset \mathrm{I}_{s_{m+1}} = \mathrm{I}_{r_{m+1}}$, 且对 (E, I_{r_m}) 任意一个基 B, 都有 $(E, \mathrm{I}_{r_{m+1}})$ 的一个基 A, 使得

$$B \supset A.$$

于是, 对任意的 $i, j (1 \leqslant i < j \leqslant n)$, (E, I_{r_i}) 的任意一个基 B, 都有 (E, I_{r_j}) 的一个基 A, 使得

$$B \supset A.$$

所以, $M = (E, \Psi)$ 是正规的.

在对定理 4.1.3 的研究过程中, 可以得到闭正规模糊拟阵的一个充分条件, 它也是定理 4.1.3 的一个推论.

推论 4.4.1 $M = (E, \Psi)$ 是一个闭正规模糊拟阵, 如果 μ 是 M 的一个模糊基, 且 $R^+(\mu) = \{r_1, r_2, \cdots, r_n\}$, 其中 $0 = r_0 < r_1 < \cdots < r_n \leqslant 1$, 那么 $0, r_1, r_2, \cdots, r_n$ 为 M 的基本序列.

接下来, 给出闭正规模糊拟阵的另一个充分条件.

定理 4.4.3 设 $M = (E, \Psi)$ 是一个闭模糊拟阵, $0 = r_0 < r_1 < \cdots < r_n \leqslant 1$ 为 M 的基本序列.

(1) 若对任意的模糊基 μ, 都有

$$|\mathrm{supp}\mu| = n, \text{ 且 } R^+(\mu) = \{r_1, r_2, \cdots, r_n\},$$

则 $M = (E, \Psi)$ 是正规的.

(2) 设 μ, ν 是 $M = (E, \Psi)$ 的任意两个模糊基, 令

$$A_i = \{x \in E | \mu(x) = r_i\},$$

$$B_i = \{x \in E | \nu(x) = r_i\},$$

其中 $1 \leqslant i \leqslant n$.

若 $|A_i| = |B_i|$, 则 $M = (E, \Psi)$ 是正规的.

证明　(1) 若 $|\mathrm{supp}\mu| = n$, 且 $R^+(\mu) = \{r_1, r_2, \cdots, r_n\}$, 则 $\mathrm{supp}\mu$ 与 $R^+(\mu)$ 中的元素必是一一对应的, 因此

$$|\mu| = \sum_{i=1}^{n} r_i.$$

于是 $M = (E, \Psi)$ 的任意基的势均为 $\sum\limits_{i=1}^{n} r_i$(常数), 故由定理 3.2.5 知, $M = (E, \Psi)$ 是正规的.

(2) 由已知, $|\mu| = \sum\limits_{i=1}^{n}(|A_i|r_i) = \sum\limits_{i=1}^{n}(|B_i|r_i) = |\nu|$, 即 $M = (E, \Psi)$ 的任意两个基的势均相等. 故由定理 3.2.5 知, $M = (E, \Psi)$ 是正规的.

第5章 模糊拟阵的模糊相关集

模糊相关集是模糊拟阵的又一个重要研究对象, 模糊圈是一种特殊的模糊相关集, 可以通过模糊圈来认识模糊拟阵. 本章主要介绍了模糊拟阵模糊圈的性质, 闭模糊拟阵初等模糊圈、模糊圈的充要条件, 闭模糊拟阵的模糊独立集被其模糊圈包含的充分条件, 并分别给出了求模糊圈的相应算法.

5.1 模糊相关集与模糊圈

在模糊拟阵中, 模糊圈是与模糊基同等重要的概念, 下面引入它的概念和一些性质.

定义 5.1.1 设有模糊拟阵 $M = (E, \Psi)$, 若 $\mu \in F(E)$, 但 $\mu \notin \Psi$, 则称 μ 为 M 的模糊相关集.

定义 5.1.2 设 $M = (E, \Psi)$ 是模糊拟阵, 则称 $\mu \in F(E)$ 为 M 的一个模糊圈, 如果 $\mu \notin \Psi$, 但对任意的 $a \in \operatorname{supp}\mu$ 都有 $\mu\backslash\backslash_a \in \Psi$. 其中 $\mu\backslash\backslash_a$ 定义为

$$(\mu\backslash\backslash_a)(x) = \begin{cases} \mu(x), & x \neq a, \\ 0, & x = a. \end{cases}$$

而且, 如果 μ 是 M 的模糊圈, 那么当 $\tau(\mu) = \{\alpha | \mu_a^* \text{ 不是 } M \text{ 的圈}\}$ 时, 称 $\varphi(\mu) = (\tau(\mu), m(\mu)]$ 为 μ 的圈区间. 其中 μ_a^* 定义为

$$\mu_a^*(x) = \begin{cases} \mu(x), & x \leqslant a, \\ 0, & x > a. \end{cases}$$

定理 5.1.1 设 $M = (E, \Psi)$ 是模糊拟阵, $\mu \in F(E)$. 如果 $\mu \notin \Psi$, 则存在 M 的一个模糊圈 ν, 使得 $\nu \leqslant \mu$.

5.2　模糊圈的判定

在对模糊圈的研究过程中, 初等模糊圈是最基本的, 相关结论如下.

定理 5.2.1　设 $M = (E, \Psi)$ 是一个模糊拟阵, $r \in (0, 1]$, $\mu \in F(E)$. 令

$$\mathrm{I}_r = \{C_r(\mu) | \forall \mu \in \Psi\}, \ C_r(\mu) = \{x \in E | \mu(x) \geqslant r\}, \quad M_r = (E, \mathrm{I}_r),$$

则有下列结论:

(1) 若 $R^+(\mu) = \{t_1, t_2, \cdots, t_k\}(0 < t_1 < t_2 < \cdots < t_k \leqslant 1)$, 则 μ 是 M 的模糊圈当且仅当

(i) $C_{t_1}(\mu)$ 是 (E, I_{t_1}) 的圈;

(ii) $C_{t_i}(\mu) \in \mathrm{I}_{t_i}(i = 2, \cdots, k)$.

(2) 若 μ_1, μ_2 是 M 的模糊圈且 $\mu_1 \leqslant \mu_2$, 则

$$\mathrm{supp}\mu_1 = \mathrm{supp}\mu_2.$$

证明　略.

定理 5.2.2　设 $M = (E, \Psi)$ 是一个模糊拟阵, $0 = r_0 < r_1 < \cdots < r_n \leqslant 1$ 为 M 的基本序列, $\mu \in F(E)$, 则 μ 为 M 的初等模糊圈当且仅当 $|R^+(\mu)| = 1$, 且 $C_{m(\mu)}(\mu)$ 是 $(E, \mathrm{I}_{m(\mu)})$ 的圈.

证明　$\Longrightarrow$　因为 μ 为模糊拟阵 M 的初等模糊圈, 所以 $|R^+(\mu)| = 1$. 再由定理 5.2.1 知

$$C_{\mu(\nu)}(\mu) \text{ 是 } (E, \mathrm{I}_{m(\mu)}) \text{ 的圈.}$$

$\Longleftarrow$　由已知, $C_{m(\mu)}(\mu)$ 是 $(E, \mathrm{I}_{m(\mu)})$ 的圈. 　　　　(5.2.1)

因为 $|R^+(\mu)| = 1$, 所以 $|R^+(\mu)| = \{m(\mu)\}$, 于是对任意的 $\beta > m(\mu)$, 都有

$$C_\beta(\mu) = \varnothing,$$

所以有

$$C_\beta(\mu) \in \mathrm{I}_\beta. \quad\quad\quad (5.2.2)$$

故由 (5.2.1), (5.2.2) 及定理 5.2.1 知, μ 为 M 的初等模糊圈.

根据此定理可以得出下面一个推论.

推论 5.2.1 设 $M = (E, \Psi)$ 是一个闭模糊拟阵, $0 = r_0 < r_1 < \cdots < r_n \leqslant 1$ 为 M 的基本序列, $\mu \in F(E)$, 若 $m(\mu) \leqslant r_1$, 则 μ 为 M 的初等模糊圈当且仅当 $|R^+(\mu)| = 1$, 且 $C_{m(\mu)}(\mu)$ 是 (E, I_{r_1}) 圈.

证明 $\Longrightarrow$ 因 μ 为 M 的初等模糊圈, 故由定理 5.2.2 知

$$|R^+(\mu)| = 1, \quad \text{且} \quad C_{m(\mu)}(\mu) \text{是} (E, \mathrm{I}_{m(\mu)}) \text{圈}.$$

又因为 M 是闭的及 $m(\mu) \leqslant r_1$ 知

$$\mathrm{I}_{m(\mu)} = \mathrm{I}_{r_1}.$$

所以, $C_{m(\mu)}(\mu)$ 是 (E, I_{r_1}) 圈.

$\Longleftarrow$ 由 $|R^+(\mu)| = 1$ 知 $|R^+(\mu)| = \{m(\mu)\}$, 又由 M 是闭模糊拟阵及 $m(\mu) \leqslant r_1$, 有

$$\mathrm{I}_{m(\mu)} = \mathrm{I}_{r_1},$$

而 $C_{m(\mu)}(\mu)$ 是 (E, I_{r_1}) 圈, 所以

$$C_{m(\mu)}(\mu) \text{是} \left(E, \mathrm{I}_{m(\mu)}\right) \text{圈}. \tag{5.2.3}$$

又由 $|R^+(\mu)| = \{m(\mu)\}$ 有, 对任意的 $\beta > m(\mu)$, 都有

$$C_\beta(\mu) = \varnothing,$$

进而有

$$C_\beta(\mu) \in \mathrm{I}_\beta. \tag{5.2.4}$$

故由 (5.2.3), (5.2.4) 及定理 5.2.2 知, μ 为 M 的初等模糊圈.

对模糊圈的研究是为了得到模糊圈的一些性质和充要条件. 下面先给出闭模糊拟阵模糊圈的性质.

定理 5.2.3 设 $M = (E, \Psi)$ 是一个闭模糊拟阵, $0 = r_0 < r_1 < \cdots < r_n \leqslant 1$ 为 M 的基本序列, $\mu \in F(E)$, μ 为 M 的模糊圈, 则对任意的 $\beta \in R^+(\mu)$, 都有

$$\beta \leqslant r_n.$$

证明　因为 μ 为 M 的模糊圈, 任取 $a \in \text{supp}\mu$, 由定义 5.1.2 知

$$\mu \backslash\backslash_a \in \Psi.$$

再由 $M = (E, \Psi)$ 是闭的及定理 3.2.3 知, 存在模糊基 ν, 使得

$$\mu \backslash\backslash_a \leqslant \nu.$$

又由定理 4.1.2 知

$$R^+ (\nu) \subseteq \{r_1, r_2, \cdots, r_n\}.$$

所以, 对任意的 $x \in \text{supp}\mu \backslash \{a\}$, 都有

$$\mu(x) \leqslant r_n.$$

由于 a 是任意取的, 因此对任意的 $x \in E$, 都有

$$\mu(x) \leqslant r_n,$$

即对任意的 $\beta \in R^+(\mu)$, 都有

$$\beta \leqslant r_n.$$

定理 5.2.4　设 $M = (E, \Psi)$ 是一个闭正规模糊拟阵, $0 = r_0 < r_1 < \cdots < r_n \leqslant 1$ 为 M 的基本序列, $\mu \in F(E)$, μ 为 M 的模糊圈, 则 $m(\mu) \leqslant r_1$, 且对任意的 $\beta \in R^+(\mu)$, 都有

$$\beta \leqslant r_n.$$

证明　由推论 5.2.1 知, 对任意的 $\beta \in R^+(\mu)$ 有

$$\beta \leqslant r_n.$$

下面证明 $m(\mu) \leqslant r_1$. 因为 μ 为 M 的模糊圈, 取 $a_1 \in \text{supp}\mu$, 使得

$$\mu(a_1) = m(\mu),$$

所以有

$$\mu \backslash\backslash_{a_1} \in \Psi,$$

$$\mu\left(a_1\right) = m(\mu) \leqslant m(\mu\backslash\backslash_{a_1}).$$

又因为 M 是闭的, 由定理 3.2.3 的 (2) 知, 存在 M 的模糊基 ν_1, 使得

$$\mu\backslash\backslash_{a_1} \leqslant \nu_1,$$

所以

$$m(\mu\backslash\backslash_{a_1}) \leqslant m(\nu_1).$$

由 M 是闭正规的及定理 4.1.3 知

$$R^+(\nu_1) = \{r_1, r_2, \cdots, r_n\},$$

因而有

$$m(\mu\backslash\backslash a_1) \leqslant m(\nu_1) = r_1,$$

而 $m(\mu) \leqslant m(\mu\backslash\backslash a_1)$, 所以

$$m(\mu) \leqslant r_1.$$

在定理 5.2.4 的基础上, 可以得出闭模糊拟阵模糊圈的一个充要条件.

定理 5.2.5　$M = (E, \varPsi)$ 是一个闭模糊拟阵, $0 = r_0 < r_1 < \cdots < r_n \leqslant 1$ 为 M 的基本序列, $\mu \in F(E)$, $m(\mu) \leqslant r_1$, 则 μ 为 M 的模糊圈当且仅当

(1) $C_{m(\mu)}(\mu)$ 是 (E, I_{r_1}) 圈;

(2) 对任意的 $\beta \in R^+(\mu)$, $\beta > m(\mu)$, 都有 $\beta \leqslant r_n$, 且存在 $i(1 \leqslant i \leqslant n)$, 使得

$$C_\beta(\mu) \in \mathrm{I}_{r_1}.$$

证明　$\Longrightarrow$　(1) 设 μ 为 M 的模糊圈, 由定理 5.2.1 知

$$C_{m(\mu)}(\mu) 是 \left(E, \mathrm{I}_{m(\mu)}\right) 圈.$$

由 M 是闭模糊拟阵, 且 $m(\mu) \leqslant r_1$, 有

$$\mathrm{I}_{m(\mu)} = \mathrm{I}_{r_1},$$

因此

$$C_{m(\mu)}(\mu) \text{是} (E, I_{r_1}) \text{圈}.$$

(2) 由 $M = (E, \Psi)$ 是一个闭模糊拟阵, μ 是 M 的模糊圈及推论 5.2.1 知, 对任意的 $\beta \in R^+(\mu), \beta > m(\mu)$, 都有

$$\beta \leqslant r_n.$$

因此, 对任意的 $\beta \in R^+(\mu), \beta > m(\mu)$, 有

$$m(\mu) < \beta \leqslant r_n.$$

而 $m(\mu) \leqslant r_1$, 所以在 $\{r_1, r_2, \cdots, r_n\}$ 中, 存在 $i(1 \leqslant i \leqslant n)$, 使得

$$r_{i-1} < \beta \leqslant r_i.$$

由于 M 是闭的, 因此, 有

$$I_{\beta} = I_{r_i}.$$

又因为 $C_{\beta}(\mu) \in I_{\beta}$, 所以

$$C_{\beta}(\mu) \in I_{r_i}.$$

$\Longleftarrow$　由 M 是闭模糊拟阵及 $m(\mu) \leqslant r_1$ 知

$$I_{m(\mu)} = I_{r_1},$$

而 $C_{m(\mu)}(\mu)$ 是 (E, I_{r_1}) 圈, 所以

$$C_{m(\mu)}(\mu) \text{是} (E, I_{m(\mu)}) \text{圈}.$$

又对任意的 $\beta \in R^+(\mu), \beta > m(\mu)$, 则 $\beta \leqslant r_n$, 且存在 $i(1 \leqslant i \leqslant n)$, 使得

$$C_{\beta}(\mu) \in I_{r_i},$$

即对任意的 $\beta \in R^+(\mu)$, 有

$$m(\mu) < \beta \leqslant r_n,$$

且存在 $i(1 \leqslant i \leqslant n)$, 使得

$$C_\beta(\mu) \in \mathrm{I}_{r_i}.$$

因为 $m(\mu) \leqslant r_1$, 所以存在 $i(1 \leqslant i \leqslant n)$, 使得

$$r_{i-1} < \beta \leqslant r_i,$$

因而由 M 是闭模糊拟阵知

$$\mathrm{I}_\beta = \mathrm{I}_{r_i}.$$

所以, 对任意的 $\beta \in R^+(\mu), \beta > m(\mu)$, 都有

$$C_\beta(\mu) \in \mathrm{I}_\beta.$$

故由定理 5.2.1 知, μ 为 M 的模糊圈.

例 5.2.1 设 $E = \{1,2,3,4\}, \mathrm{I}_{\frac{1}{2}} = \{\varnothing, \{1\}, \{2\}, \{3\}, \{4\}, \{1,2\}, \{1,3\}, \{1,4\}\}, \mathrm{I}_1 = \{\varnothing, \{1\}, \{3\}, \{1,3\}\}$. 那么, $\left(E, \mathrm{I}_{\frac{1}{2}}\right)$ 和 (E, I_1) 是普通拟阵, 并且 $\mathrm{I}_{\frac{1}{2}} \supset \mathrm{I}_1$. 若当 $0 < r < 1/2$ 时, 取 $\mathrm{I}_r = \mathrm{I}_{\frac{1}{2}}$, 当 $1/2 < r \leqslant 1$ 时, 取 $\mathrm{I}_r = \mathrm{I}_1$. 令

$$\Psi = \{\mu \in F(E) | C_r(\mu) \in \mathrm{I}_r, 0 < r \leqslant 1\},$$

则由定理 3.2.1 知, $M = (E, \Psi)$ 是一个闭模糊拟阵, 其导出拟阵序列为 $\mathrm{I}_{\frac{1}{2}} \supset \mathrm{I}_1$, 基本序列为 $r_0 = 0, r_1 = 1, r_2 = 1$.

设模糊集

$$\mu(x) = \begin{cases} \dfrac{1}{2}, & x = 1, \\[2mm] \dfrac{1}{2}, & x = 2, \\[2mm] \dfrac{2}{3}, & x = 3, \\[2mm] 1, & x = 4. \end{cases}$$

因为 $\mathrm{supp}\mu = C_{\frac{1}{2}}(\mu) \notin \mathrm{I}_{\frac{1}{2}}$, 所以 μ 是 $M = (E, \Psi)$ 的一个模糊相关集.

而 μ 的支撑集为 $\operatorname{supp}\mu = \{1,2,3,4\}$, $\operatorname{supp}\mu$ 的子集 $A = \{2,3\}$, $B = \{2,4\}$ 是 $\mathrm{I}_{\frac{1}{2}}$ 的圈.

对于 $A = \{2,3\}$, 因为 $\{3\} \in \mathrm{I}_1$, 所以取模糊集 ν, 使得

$$\nu(x) = \begin{cases} 0, & x = 1, \\ \dfrac{1}{2}, & x = 2, \\ \dfrac{2}{3}, & x = 3, \\ 0, & x = 4, \end{cases}$$

则因 $R^+(\nu) = \left\{ \dfrac{1}{2}, \dfrac{2}{3} \right\}$, $\operatorname{supp}\nu = C_{\frac{1}{2}}(\nu) = \{2,3\}$ 是 $\mathrm{I}_{\frac{1}{2}}$ 的圈, $C_{\frac{2}{3}}(\nu) = \{3\} \in \mathrm{I}_1$, $\nu \in \mu$, 由定理 5.2.4 知, ν 是 $M = (E, \Psi)$ 的模糊圈.

对于 $B = \{2,4\}$, 因为 $\{4\} \notin \mathrm{I}_1$, 所以取模糊集 ω, 使得

$$\omega(x) = \begin{cases} 0, & x = 1, \\ \dfrac{1}{2}, & x = 2, \\ 0, & x = 3, \\ \dfrac{1}{2}, & x = 4. \end{cases}$$

则因 $R^+(\omega) = \left\{ \dfrac{1}{2} \right\}$, $\operatorname{supp}\omega = C_{\frac{1}{2}}(\omega) = \{2,4\}$ 是 $\mathrm{I}_{\frac{1}{2}}$ 的圈, 且 $\omega \leqslant \mu$, 于是, 由定理 5.2.2 知, ω 是 $M = (E, \Psi)$ 的初等模糊圈.

上述初等模糊圈的充要条件进一步推广, 从而得到下面的定理.

定理 5.2.6　设 $M = (E, \Psi)$ 是一个闭模糊拟阵, $0 = r_0 < r_1 < \cdots < r_n \leqslant 1$ 为 M 的基本序列, 导出拟阵序列为 $\mathrm{M}_{r_1} \supset \mathrm{M}_{r_2} \supset \cdots \supset \mathrm{M}_{r_n}$, 其中 $\mathrm{M}_{r_i} = (E, \mathrm{I}_{r_i})(1 \leqslant i \leqslant n)$. 设 $\mu \in F(E)$, 则 μ 为 M 的初等模糊圈当且仅当 $|R^+(\mu)| = 1$, 且存在 $r_i(1 \leqslant i \leqslant n)$, 使得 $r_{i-1} < m(\mu) < r_i$, $C_{m(\mu)}(\mu)$ 是 (E, I_{r_i}) 的圈.

证明　$\Longrightarrow$　因为 $M = (E, \Psi)$ 是闭模糊拟阵, μ 是 M 的初等模糊

圈, 于是由定理 5.2.3 知

$$|R^+(\mu)| = 1, \quad m(\mu) \leqslant r_n.$$

所以存在 $r_i (1 \leqslant i \leqslant n)$, 使得

$$r_{i-1} < m(\mu) \leqslant r_i.$$

由 M 是闭的知

$$\mathrm{I}_{m(\mu)} = \mathrm{I}_{r_i}.$$

再由定理 5.2.1 知, $C_{m(\mu)}(\mu)$ 是 $\left(E, \mathrm{I}_{m(\mu)}\right)$ 圈, 故 $C_{m(\mu)}(\mu)$ 是 (E, I_{r_i}) 圈.
$\Longleftarrow$ 由 $|R^+(\mu)| = 1$ 知

$$R^+(\mu) = \{m(\mu)\}, \quad \mu \text{ 为初等模糊集.} \tag{5.2.5}$$

又因存在 $r_i (1 \leqslant i \leqslant n)$, 使得

$$r_{i-1} < m(\mu) \leqslant r_i,$$

且 $C_{m(\mu)}(\mu)$ 是 (E, I_{r_i}) 圈. 由 M 是闭的知

$$\mathrm{I}_{m(\mu)} = \mathrm{I}_{r_i}.$$

所以

$$C_{m(\mu)}(\mu) \text{是} \left(E, \mathrm{I}_{m(\mu)}\right) \text{圈.} \tag{5.2.6}$$

又由 $R^+(\mu) = \{m(\mu)\}$ 有, 对任意的 $\beta > m(\mu)$, 都有 $C_\beta(\mu) = \varnothing$, 进而有

$$C_\beta(\mu) \in \mathrm{I}_\beta. \tag{5.2.7}$$

故由 (5.2.5)—(5.2.7) 及定理 5.2.2 知, μ 为 M 的初等模糊圈.

同样, 也可以把定理 5.2.5 进行推广, 得到如下定理.

定理 5.2.7 设 $M = (E, \Psi)$ 是一个闭模糊拟阵, $0 = r_0 < r_1 < \cdots < r_n \leqslant 1$ 为 M 的基本序列, 导出拟阵序列为 $\mathrm{M}_{r_1} \supset \mathrm{M}_{r_1} \supset \cdots \supset \mathrm{M}_{r_n}$, 其中 $\mathrm{M}_{r_i} = (E, \mathrm{I}_{r_i}) (1 \leqslant i \leqslant n)$. 设 $\mu \in F(E)$, 则 μ 为 M 的模糊圈当且仅当

(1) 存在 $r_k \in \{r_1, r_2, \cdots, r_n\}$, 使得

$$r_{k-1} < m(\mu) \leqslant r_k, \quad \text{且} \quad C_{m(\mu)}(\mu) \text{ 是 } (E, \mathrm{I}_{r_k}) \text{ 的圈.}$$

(2) 对任意的 $\beta \in R^+(\mu), \beta > m(\mu)$, 都存在 $r_i \in \{r_k, r_{k+1}, \cdots, r_n\}$, 使得

$$r_{i-1} < \beta \leqslant r_i, \quad \text{且} \quad C_\beta(\mu) \in \mathrm{I}_{r_i}.$$

证明 $\implies$ (1) 设 μ 为 M 的模糊圈, 由定理 5.2.3 知, 对任意的 $\beta \in R^+(\mu)$, 都有

$$\beta \leqslant r_n,$$

尤其

$$m(\mu) \leqslant r_n,$$

所以, 存在 $r_k \in \{r_1, r_2, \cdots, r_n\}(1 \leqslant k \leqslant n)$, 使得

$$r_{k-1} < m(\mu) \leqslant r_k,$$

于是由 M 是闭的知

$$\mathrm{I}_{m(\mu)} = \mathrm{I}_{r_k},$$

再由定理 5.2.1 知 $C_{m(\mu)}(\mu)$ 是 $(E, \mathrm{I}_{m(\mu)})$ 圈, 故 $C_{m(\mu)}(\mu)$ 是 (E, I_{r_k}) 圈.

(2) 由定理 5.2.1 知, 对任意的 $\beta \in R^+(\mu), \beta > m(\mu)$, 都有

$$C_\beta(\mu) \in \mathrm{I}_\beta.$$

而由 (1) 知

$$\beta \leqslant r_n.$$

于是有

$$m(\mu) < \beta \leqslant r_n.$$

因为 $r_{k-1} < m(\mu) \leqslant r_k$, 所以存在 $r_i \in \{r_k, r_{k+1}, \cdots, r_n\}$, 使得

$$r_{i-1} < \beta \leqslant r_i.$$

因为 $M = (E, \Psi)$ 是一个闭模糊拟阵, 所以

$$\mathrm{I}_\beta = \mathrm{I}_{r_i}.$$

再由 $C_\beta(\mu) \in \mathrm{I}_\beta$ 有

$$C_\beta(\mu) \in \mathrm{I}_{r_i}.$$

$\Longleftarrow$ 由 (1) 知, 存在 $r_k \in \{r_1, r_2, \cdots, r_n\}$, 使得

$$r_{k-1} < m(\mu) \leqslant r_k,$$

且 $C_{m(\mu)}(\mu)$ 是 (E, I_{r_k}) 圈.

又因为 M 是闭模糊拟阵, 所以有

$$\mathrm{I}_{m(\mu)} = \mathrm{I}_{r_k},$$

进而 $C_{m(\mu)}(\mu)$ 也是 $\left(E, \mathrm{I}_{m(\mu)}\right)$ 圈.

由 (2) 知, 对任意的 $\beta \in R^+(\mu)$, 都存在 $r_i \in \{r_k, r_{k+1}, \cdots, r_n\}$, 使得

$$r_{i-1} < \beta \leqslant r_i, \quad 且 \quad C_\beta(\mu) \in \mathrm{I}_{r_i}.$$

因为 M 是闭模糊拟阵, 所以有

$$\mathrm{I}_\beta = \mathrm{I}_{r_i}.$$

因而 $C_\beta(\mu) \in \mathrm{I}_\beta$. 所以由定理 5.2.1 知, μ 为 M 的模糊圈.

定理 5.2.8 设 $M = (E, \Psi)$ 是一闭正规模糊拟阵, 基本序列为 $0 = r_0 < r_1 < \cdots < r_n \leqslant 1$, μ 是 M 的模糊基, 任意 $b \in E \backslash \mathrm{supp}\mu$, 则 $\mu\|_a^b$ 是 M 的模糊圈当且仅当 $0 < a \leqslant r_1$ 且 $C_a(\mu\|_a^b)$ 是 (E, I_a) 的圈, 其中

$$(\mu\|_a^b)(x) = \begin{cases} \mu(x), & x \neq b, \\ a, & x = b. \end{cases}$$

证明 $\Longleftarrow$ 由 μ 是 M 的模糊基知, $C_{r_i}(\mu)$ 是 (E, I_{r_i}) 的基 $(1 \leqslant i \leqslant n)$. 而 $(\mu\|_a^b)(b) = a \leqslant r_1$, 若 $a < r_1$, 则 $C_{r_j}(\mu\|_a^b) = C_{r_j}(\mu)(1 \leqslant j \leqslant n)$. 因此

$$C_{r_j}(\mu\|_a^b) \in \mathrm{I}_{r_j},$$

且 $C_{r_j}(\mu\|_a^b)$ 是 $(E, \mathrm{I}_{r_j})(1 \leqslant i \leqslant n)$ 的基.

又因为 $C_a(\mu\|_a^b)$ 是 (E, I_a) 的圈, 由定理 5.2.1 可得

$$\mu\|_a^b 是 M 的模糊圈.$$

若 $a = r_1$, 则 $C_{r_j}(\mu\|_a^b) = C_{r_j}(\mu)(2 \leqslant j \leqslant n)$. 因此

$$C_{r_j}(\mu\|_a^b) \in \mathrm{I}_{r_j},$$

且 $C_{r_j}(\mu\|_a^b)$ 是 (E, I_{r_j}) 的基 $(2 \leqslant j \leqslant n)$.

又由 $C_a(\mu\|_a^b)$ 是 (E, I_a) 的圈, 即 $C_{r_1}(\mu\|_a^b)$ 是 (E, I_{r_1}) 的圈, 可得

$$\mu\|_a^b \ \text{是} \ M \ \text{的模糊圈}.$$

$\Longrightarrow$ 　假设 $a > r_1$, 由 $\mu\|_a^b$ 是 M 的模糊圈, 则有

$$C_{r_j}(\mu) \in \mathrm{I}_{r_j} \quad (2 \leqslant j \leqslant n),$$

$$C_a(\mu\|_a^b) \in \mathrm{I}_a,$$

且 $C_{r_1}(\mu\|_a^b)$ 是 (E, I_{r_1}) 的圈. 这样, 必存在 $r_j(2 \leqslant j \leqslant n)$, 使得

$$\mathrm{I}_a = \mathrm{I}_{r_j}.$$

不妨设 $j = 2$, 则

$$C_{r_2}(\mu) \subset C_{r_2}(\mu\|_a^b) \in \mathrm{I}_{r_2}, \tag{5.2.8}$$

而 μ 为闭正规模糊拟阵 M 的模糊基, 则

$$C_{r_2}(\mu) \text{为} (E, \mathrm{I}_{r_2}) \text{的基}. \tag{5.2.9}$$

显然 (5.2.8) 与 (5.2.9) 矛盾, 假设不成立, 因此 $a \leqslant r_1$, 即

$$0 < a \leqslant r_1.$$

又因为 $\mu\|_a^b$ 是 M 的模糊圈, 所以, 由定理 5.2.1 知

$$C_a(\mu\|_a^b) \ \text{是} \ (E, \mathrm{I}_a) \ \text{的圈}.$$

第6章 模糊拟阵的模糊秩函数

模糊秩函数来自向量组和拟阵的秩, 是模糊拟阵的重要工具. 可以用势来衡量一个模糊拟阵大小. 本章主要介绍模糊秩函数的概念、性质等.

6.1 模糊秩函数的概念

向量组和拟阵的秩的概念也可以推广到模糊拟阵.

定义 6.1.1 设 $M = (E, \Psi)$ 是一个模糊拟阵, M 的秩函数是一个映射 $\rho : F(E) \to [0, \infty)$, 使得对任意的 $\mu \in F(E)$, 都有

$$\rho(\mu) = \sup\{|\nu| \,|\, \nu \leqslant \mu, \nu \in \Psi\},$$

其中 $|\nu| = \sum_{x \in E} \nu(x)$.

容易得到, ρ 满足下列性质:

(1) 如果 $\mu, \nu \in F(E)$, 且 $\mu \leqslant \nu$, 那么 $\rho(\mu) \leqslant \rho(\nu)$.

(2) 如果 $\mu \in F(E)$, 那么 $\rho(\mu) \leqslant |\mu|$; 如果 $\mu \in \Psi$, 那么 $\rho(\mu) = |\mu|$.

从上述定理很容易得出下列结论.

定理 6.1.1 如果 ρ 是一个模糊拟阵 $M = (E, \Psi)$ 的秩函数, 那么

$$\rho(\mu) = |\mu| \text{当且仅当} \mu \in \Psi.$$

证明 充分性由性质 (2) 可得, 下面证明必要性.

假设 $\mu \notin \Psi$, 则存在被 μ 真包含的极大模糊独立集 ν, 使得

$$\rho(\mu) = |\nu|.$$

而 $\nu < \mu$, 所以 $|\nu| < |\mu|$, 进而有

$$\rho(\mu) < |\mu|, \quad \text{与已知矛盾.}$$

所以, $\mu \in \Psi$.

定理 6.1.2 设 $\bar{M} = (E, \bar{\psi})$ 为模糊拟阵 $M = (E, \Psi)$ 的闭包, 且 $\bar{\rho}, \rho$ 分别是 $\bar{M}, M$ 的秩函数, 则 $\bar{\rho} = \rho$.

6.2 模糊圈的秩的性质

定理 6.2.1 $M = (E, \Psi)$ 是一个闭模糊拟阵, 导出拟阵序列为 $\mathrm{M}_{r_1} \supset \mathrm{M}_{r_2} \supset \cdots \supset \mathrm{M}_{r_n}$, 其中 $\mathrm{M}_{r_i} = (E, \mathrm{I}_{r_i})\,(i = 1, 2, \cdots, n), 0 = r_0 < r_1 < \cdots < r_n \leqslant 1$ 为 M 的基本序列, ρ 是其模糊秩函数, 如果 μ 是 M 的一个模糊圈, 且 $\mathrm{supp}\,\mu$ 是拟阵 $\mathrm{M}_{r_1} = (E, \mathrm{I}_{r_1})$ 的圈, 那么

$$\rho(\mu) = |\mu| - |m(\mu)|.$$

证明 设 $R^+(\mu) = \{s_1, \cdots, s_k\}$, $m(\mu) = s_1$, 其中 $0 < s_1 < \cdots < s_k \leqslant 1$. 因为 $M = (E, \Psi)$ 是一个闭模糊拟阵, μ 是 M 的一个模糊圈, 且 $\mathrm{supp}\,\mu$ 是拟阵 $\mathrm{M}_{r_1} = (E, \mathrm{I}_{r_1})$ 的圈, 所以

$$s_1 \leqslant r, \quad \mathrm{I}_{s_1} = \mathrm{I}_{r_1},$$

且对任意的 $s_i (1 < s_i \leqslant k)$, 都有

$$C_{s_i}(\mu) \in \mathrm{I}_{s_i}.$$

令 $A_1 = \{e \,|\, \mu(e) = s_1\}$, 并令

$$\mu_1(x) = \begin{cases} \mu(x), & x \neq e_1, \\ t, & x = e_1, \end{cases}$$

其中 e_1 是 A_1 的一个元素, 且 $0 \leqslant t \leqslant s_1$.

若 $t > 0$, 则 $C_{s_1}(\mu_1) = \mathrm{supp}\,\mu$ 是拟阵 $\mathrm{M}_{r_1} = (E, \mathrm{I}_{r_1})$ 的圈, 因而 μ_1 仍然是 M 的一个模糊圈. 所以, 只有当 $t = 0$ 时, μ_1 才是模糊独立集, 且

$$\mu_1(x) = (\mu \backslash\backslash_{e_1})(x) = \begin{cases} \mu(x), & x \neq e_1, \\ 0, & x = e_1, \end{cases}$$

其中 $e_1 \in A_1$. 这样, μ_1 是 μ 所包含的势最大的极大模糊独立集, 因此

$$\rho(\mu) = \rho(\mu_1) = |\mu_1| = |\mu| - s_1,$$

即 $\rho(\mu) = |\mu| - |m(\mu)|$.

定义 6.2.1 设 μ 是模糊集, 若对任意的 $x \in E$, 都有 $\mu(x) = 0$, 则称 μ 是一个模糊零集或模糊空集.

若对任意的 $x \in E$, 都有 $\mu(x) = 1$, 则称 μ 是一个模糊全集, 记为 **1**.

定义 6.2.2 设 $M = (E, \Psi)$ 是一个模糊拟阵, 秩最大的模糊独立集的秩叫做模糊拟阵的秩, 记作 $\rho(M)$.

设 μ 是模糊集, 若 μ 的秩等于模糊拟阵的秩, 即 $\rho(\mu) = \rho(M)$, 则称 μ 是一个模糊满秩集.

显然, 若 μ 是模糊全集, 则 $\rho(\mu) = \rho(M)$.

若 μ 是模糊空集, 则 $\rho(\mu) = 0$. 模糊空集 μ 是模糊独立集, 因为对任意的 $r > 0$, 都有 $C_r(\mu) = \varnothing \in \mathrm{I}_r$.

于是, 根据定理 6.2.1 可得下列推论.

推论 6.2.1 设 $M = (E, \Psi)$ 是一个闭模糊拟阵, 导出拟阵序列为 $\mathrm{M}_{r_1} \supset \mathrm{M}_{r_2} \supset \cdots \supset \mathrm{M}_{r_n}$, 其中 $\mathrm{M}_{r_i} = (E, \mathrm{I}_{r_i}) \, (i = 1, 2, \cdots, n), 0 = r_0 < r_1 < \cdots < r_n \leqslant 1$ 为 M 的基本序列, ρ 是其模糊秩函数, 如果 μ 是 M 的一个模糊圈, 且 $\mathrm{supp}\mu$ 是拟阵 $\mathrm{M}_{r_1} = (E, \mathrm{I}_{r_1})$ 的环, 那么 μ 的秩取得最小, 即 $\rho(\mu) = 0$.

定理 6.2.2 设 $M = (E, \Psi)$ 是一个闭模糊拟阵, $0 = r_0 < r_1 < \cdots < r_n \leqslant 1$ 是其基本序列, 其导出拟阵序列为 $\mathrm{M}_{r_1} \supset \mathrm{M}_{r_2} \supset \cdots \supset \mathrm{M}_{r_n}$, 其中 $\mathrm{M}_{r_i} = (E, \mathrm{I}_{r_i}) \, (i = 1, 2, \cdots, n)$. 设 M 的所有模糊基 $\omega_1, \omega_2, \cdots, \omega_k$, 都分别存在模糊圈 $\mu_1, \mu_2, \cdots, \mu_k$, 使得

$$\mu_i \supseteq \omega_i \quad (i = 1, 2, \cdots, k).$$

若 $|\omega_1| \geqslant |\omega_2| \geqslant \cdots \geqslant |\omega_k|$, 则

$$\rho(\mu_1) \geqslant \rho(\mu_2) \geqslant \cdots \geqslant \rho(\mu_k).$$

证明　因为 $\omega_1, \omega_2, \cdots, \omega_k$ 是闭模糊拟阵 $M = (E, \Psi)$ 的模糊基, 那么

$$\text{supp}\,\omega_1, \quad \text{supp}\,\omega_2, \cdots, \text{supp}\,\omega_k \text{ 是 } M_{r_1} = (E, I_{r_1}) \text{ 的基.}$$

若存在模糊圈 $\mu_1, \mu_2, \cdots, \mu_k$, 使得

$$\mu_i \supseteq \omega_i \quad (i = 1, 2, \cdots, k),$$

则有

$$\text{supp}\,\mu_i \supseteq \text{supp}\,\omega_i, \text{且 } \text{supp}\,\mu_1, \text{supp}\,\mu_2, \cdots, \text{supp}\,\mu_k \text{ 是 } M_{r_1} \text{的圈.}$$

于是有

$$|\text{supp}\,\mu_i \backslash \text{supp}\,\omega_i| = 1.$$

设 $\text{supp}\,\mu_i \backslash \text{supp}\,\omega_i = \{e_i\}$, 显然, 有

$$\mu_i(x) = \begin{cases} \omega_i(x), & x \neq e_i, \\ s_i, & x = e_i. \end{cases}$$

于是有

$$0 < s_i \leqslant r_1,$$

因而 $s_i = m(\mu)$. 所以有

$$\rho(\mu_i) = |\mu_i| - m(\mu_i) = |\mu_i| - s_i = |\omega_i| \quad (i = 1, 2, \cdots, k).$$

由 $|\omega_1| \geqslant |\omega_2| \geqslant \cdots \geqslant |\omega_k|$ 有

$$|\mu_1| - s_1 \geqslant |\mu_2| - s_2 \geqslant \cdots \geqslant |\mu_k| - s_k,$$

所以

$$\rho(\mu_1) \geqslant \rho(\mu_2) \geqslant \cdots \geqslant \rho(\mu_k).$$

定理 6.2.3　设 $M = (E, \Psi)$ 是一个闭模糊拟阵, 其导出拟阵序列为 $M_{r_1} \supset M_{r_2} \supset \cdots \supset M_{r_n}$, 其中 $M_{r_i} = (E, I_{r_i})\,(i = 1, 2, \cdots, n)$, 基本序列为 $0 = r_0 < r_1 < \cdots < r_n \leqslant 1$, ρ 是其模糊秩函数, 如果拟阵 $M_{r_1} = (E, I_{r_1})$

的任意基 B, 都存在它的圈 C, 使得 C 包含 B, 那么存在一个秩最大模糊圈 μ_0, 使得对任意的模糊圈 μ, 都有

$$\rho(\mu_0) \geqslant \rho(\mu).$$

证明 对任意的模糊圈 μ, 都有

$$\rho(\mu_1) \geqslant \rho(\mu),$$

其中 μ_1 为定理 6.2.2 所提到的模糊圈.

情形 1 若 $\operatorname{supp}\mu$ 是包含拟阵 $M_{r_1} = (E, I_{r_1})$ 的某个基的 $M_{r_1} = (E, I_{r_1})$ 圈, 则由定理 6.2.2 知, 结论成立.

情形 2 若 $\operatorname{supp}\mu$ 是 $M_{r_1} = (E, I_{r_1})$ 的圈但不包含 $M_{r_1} = (E, I_{r_1})$ 的基, 设 $R^+(\mu) = \{t_1, t_2, \cdots, t_k\}$, 其中 $t_1 < t_2 < \cdots < t_k$, 则

$$0 < t_1 \leqslant r_1,$$

且存在元素 $e \in C_{t_1}(\mu) \backslash C_{t_2}(\mu)$, 使得

$$\mu\backslash\backslash_e \in \Psi,$$

$$\rho(\mu) = |\mu| - t_1 = |\mu\backslash\backslash_e|.$$

于是, 由定理 3.2.3 知, 存在一个模糊基 ω, 使得

$$\mu\backslash\backslash_e \leqslant \omega,$$

$$\rho(\mu) = |\mu\backslash\backslash_e| = |\omega| = \rho(\omega).$$

由定理 6.2.2 有, $|\omega| \leqslant |\mu| - t_1 = \rho(\mu_1)$, 所以 $\rho(\mu_1) \geqslant \rho(\mu)$.

若 $\operatorname{supp}\mu$ 是 $M_{r_i} = (E, I_{r_i})\,(i > 1)$ 的圈, 但不是 $M_{r_1} = (E, I_{r_1})$ 的圈, 则 $\operatorname{supp}\mu$ 必是 $M_{r_1} = (E, I_{r_1})$ 的独立集.

不妨设 $\operatorname{supp}\mu$ 是 $M_{r_2} = (E, I_{r_2})$ 的圈, 但不是 $M_{r_1} = (E, I_{r_1})$ 的圈, 则必有 $\operatorname{supp}\mu$ 的真子集 C 是 (E, I_{r_2}) 的独立集, 而 $(E, I_{r_2}) \subset (E, I_{r_1})$, 所以 C 也是 (E, I_{r_1}) 的独立集.

假设 $\mathrm{supp}\mu$ 是 $\mathrm{M}_{r_1} = (E, \mathrm{I}_{r_1})$ 的相关集 (但不是圈), 则必存在 $\mathrm{M}_{r_1} = (E, \mathrm{I}_{r_1})$ 的圈 C', 使得

$$C' \subset \mathrm{supp}\mu,$$

这与前面论证矛盾. 因而 $\mathrm{supp}\mu$ 必是 $\mathrm{M}_{r_1} = (E, \mathrm{I}_{r_1})$ 的独立集.

取 $e \in \mathrm{supp}\mu$, 且 $\mu(e) = r_2$, 则令

$$\mu'(x) = \begin{cases} \mu(x), & x \neq e, \\ r_1, & x = e. \end{cases}$$

则由定理 3.2.3 可知, μ' 是 M 的模糊独立集.

又因为 M 是闭模糊拟阵, 所以 μ' 是 μ_1 所包含的极大模糊独立集. 因此

$$\rho(\mu) = \rho(\mu') = |\mu'|,$$

而显然 $|\mu'| \leqslant |\omega_1| = \rho(\mu_1)$. 所以

$$\rho(\mu) \leqslant \rho(\mu_1).$$

综上所述, μ_1 是秩最大的模糊圈. 取 $\mu_0 = \mu_1$ 即可.

根据定理 6.2.3 可得如下推论.

推论 6.2.2　设 $M = (E, \Psi)$ 是一个闭模糊拟阵, 导出拟阵序列为 $\mathrm{M}_{r_1} \supset \mathrm{M}_{r_2} \supset \cdots \supset \mathrm{M}_{r_n}$, 其中 $\mathrm{M}_{r_i} = (E, \mathrm{I}_{r_i})\,(i = 1, 2, \cdots, n), 0 = r_0 < r_1 < \cdots < r_n \leqslant 1$ 为 M 的基本序列, ρ 是其模糊秩函数, 如果拟阵 $\mathrm{M}_{r_1} = (E, \mathrm{I}_{r_1})$ 的基都被它的圈包含, ω 是势最大的模糊基. $\mu \in F(E)$ 是秩最大的模糊圈, 那么

$$\omega \leqslant \mu,$$

$$\rho(\mu) = |\mu| - m(\mu) = |\omega|.$$

上述推论可表述为: 设 $M = (E, \Psi)$ 是一个闭模糊拟阵, ρ 是其模糊秩函数, 如果 M 的所有模糊基都被它的模糊圈包含, 那么存在一个秩最大的模糊圈 μ, 使得 μ 的秩等于 M 的势最大模糊基 ω 的秩.

对于闭正规模糊拟阵, 则有如下结论.

定理 6.2.4 设 $M = (E, \Psi)$ 是一个闭正规模糊拟阵, 导出拟阵序列为 $M_{r_1} \supset M_{r_2} \supset \cdots \supset M_{r_n}$, 其中 $M_{r_i} = (E, I_{r_i})$ $(i = 1, 2, \cdots, n)$, ρ 是其模糊秩函数, 如果模糊拟阵 M 的模糊圈 μ_1, μ_2 分别包含它的模糊基 ω_1, ω_2, 且 $R^+(\mu_i) = \{r_1, r_2, \cdots, r_n\}$ $(i = 1, 2)$, 那么

$$\rho(\mu_1) = \rho(\mu_2).$$

证明 因为 M 是闭正规模糊拟阵, ω_1, ω_2 为 M 的模糊基, 所以由定理 3.2.5 和定理 4.1.3 知

$$R^+(\omega_i) = \{r_1, r_2, \cdots, r_n\} \quad (i = 1, 2),$$

$$|\omega_1| = |\omega_2|.$$

又因为 M 的模糊圈 μ_1, μ_2 分别包含它们的模糊基 ω_1, ω_2, 且

$$R^+(\mu_i) = \{r_1, r_2, \cdots, r_n\} \quad (i = 1, 2),$$

所以当 $e_i \in \operatorname{supp}\mu_i \backslash \operatorname{supp}\omega_i (i = 1, 2)$ 时, 有

$$\mu_i(e_i) = r_1,$$

$$\mu_i(x) = \begin{cases} \omega_i(x), & x \neq e_i, \\ r_1, & x = e_i. \end{cases}$$

因而 $\rho(\mu_i) = |\mu_i| - r_1 = |\omega_i| (i = 1, 2)$, 所以

$$\rho(\mu_1) = \rho(\mu_2).$$

6.3 模糊相关集的秩的性质

定理 6.3.1 设 $M = (E, \Psi)$ 是 E 上的一个闭模糊拟阵, $0 = r_0 < r_1 < \cdots < r_n \leqslant 1$ 是拟阵 M 的基本序列, 导出拟阵序列为 $M_{r_1} \supset M_{r_2} \supset \cdots \supset M_{r_n}$, 其中 $M_{r_i} = (E, I_{r_i})$ $(i = 1, 2, \cdots, n)$. 设 $\mu \in F(E)$ 且 $R^+(\mu) = \{\beta_1, \beta_2, \cdots, \beta_m\}$, 且 $0 < \beta_1 < \beta_2 < \cdots < \beta_m$. 如果存在 β_k, 使得

$$r_n < \beta_k, \quad k = 1, 2, \cdots, m,$$

那么, μ 是一个模糊相关集.

证明　如果 μ 是 M 的模糊独立集, 由定理 3.2.3 和定理 4.1.2 知, 存在模糊基 $\nu \in \Psi$, 使得

$$\mu \leqslant \nu,$$

$$R^+(\nu) \subseteq \{r_1, r_2, \cdots, r_n\}.$$

那么, 对任意的 $e \in E$, 有

$$\mu(e) \leqslant \nu(e) \leqslant r_n,$$

矛盾. 所以, 结论成立.

由定理 6.3.1 可以得到下面推论.

推论 6.3.1　设 $M = (E, \Psi)$ 是 E 上的一个闭模糊拟阵, $0 = r_0 < r_1 < \cdots < r_n \leqslant 1$ 是拟阵 M 的基本序列, 导出拟阵序列为 $M_{r_1} \supset M_{r_2} \supset \cdots \supset M_{r_n}$, 其中 $M_{r_i} = (E, I_{r_i}) (i = 1, 2, \cdots, n)$. 设 $\mu \in F(E)$, 如果 μ 是模糊独立集, 那么对任意的 $e \in E$, 有

$$\mu(e) \leqslant r_n.$$

接下来将探讨模糊相关集的秩.

定理 6.3.2　设 $M = (E, \Psi)$ 是 E 上的一个闭模糊拟阵, $0 = r_0 < r_1 < \cdots < r_n \leqslant 1$ 是拟阵 M 的基本序列. 设 $\mu \in F(E)$. 令

$$\nu(e) = \begin{cases} r_n, & \mu(e) > r_n, \\ \mu(e), & \mu(e) \leqslant r_n, \end{cases}$$

其中 $e \in E$. 那么

$$\rho(\mu) = \rho(\nu).$$

证明　令 $A = \{x \in E | \mu(x) > r_n\}$. 由已知, 对任意的 $e \in A$, 有

$$\nu(e) = r_n,$$

且对任意的 $e \in E \backslash A$, 有

$$\mu(e) = \nu(e).$$

设 ω 是 μ 包含的极大模糊独立集, 则有

$$\rho(\mu) = \rho(\omega).$$

由推论 6.3.1, 对任意的 $e \in A$, 有

$$\omega(e) \leqslant r_n,$$

对任意的 $e \in E \backslash A$, 有

$$\omega(e) \leqslant \mu(e).$$

则对任意的 $e \in A$, 有

$$\omega(e) \leqslant r_n = \nu(e),$$

对任意的 $e \in E \backslash A$, 有

$$\omega(e) \leqslant \mu(e) = \nu(e).$$

于是, 有

$$\omega \leqslant \nu,$$

所以

$$\rho(\omega) = \rho(\nu).$$

而

$$\rho(\mu) \geqslant \rho(\nu), \quad \rho(\mu) = \rho(\omega),$$

所以

$$\rho(\mu) = \rho(\nu).$$

定理 6.3.3 设 $M = (E, \Psi)$ 是 E 上的一个闭模糊拟阵, $0 = r_0 < r_1 < \cdots < r_n \leqslant 1$ 是拟阵 M 的基本序列, 导出拟阵序列为 $M_{r_1} \supset M_{r_2} \supset \cdots \supset M_{r_n}$, 其中 $M_{r_i} = (E, I_{r_i})(i = 1, 2, \cdots, n)$. 设 $\mu \in F(E)$ 且 $R^+(\mu) = \{\beta\}(0 < \beta \leqslant r_n)$. 那么

(1) 存在 r_k, 使得 $r_{k-1} < \beta \leqslant r_k, k = 1, 2, \cdots, n$.

(2) 若 $C_\beta(\mu) \notin I_\beta$, 则 μ 是一个模糊相关集.

(3) 设 $r_{k-1} < \beta \leqslant r_k (k = 1, 2, \cdots, n)$, A 是 $C_\beta(\mu)$ 在 I_β 中的最大的独立子集.

令

$$
\nu(x) = \begin{cases} \mu(x), & x \in A, \\ r_{k-1}, & x \in C_\beta(\mu) \backslash A, \\ 0, & x \in E \backslash C_\beta(\mu). \end{cases}
$$

那么

$$
\rho(\mu) = \rho(\nu).
$$

证明   (1), (2) 是显然的. 下面仅需证明 (3).

(3) **情形 1** $C_\beta(\mu) \in \mathrm{I}_\beta$. 显然有 $\mu \in \Psi$, 因此

$$
A = C_\beta(\mu) \quad \text{且} \quad C_\beta(\mu) \backslash A = \varnothing.
$$

于是对任意的 $e \in E$, 有 $\nu(x) = \mu(x)$. 因此

$$
\rho(\mu) = \rho(\nu).
$$

情形 2 $C_\beta(\mu) \notin \mathrm{I}_\beta$. 由于 A 是 $C_\beta(\mu)$ 在 I_β 中的最大的独立子集, 因此

$$
A \subset C_\beta(\mu), \quad C_\beta(\mu) \backslash A \neq \varnothing,
$$

且对任意的 $e \in C_\beta(\mu) \backslash A = \{e_1, e_2, \cdots, e_q\}$, 都有

$$
A \cup \{e\} \notin \mathrm{I}_\beta.
$$

令

$$
\omega(x) = \begin{cases} \mu(x), & x \in A, \\ r^j, & x = e_j \in C_\beta(\mu) \backslash A, \\ 0, & x \in E \backslash C_\beta(\mu), \end{cases}
$$

其中 $C_\beta(\mu) \backslash A = \{e_1, e_2, \cdots, e_q\}$, $r_{k-1} < r^j < \beta$.

对任意的 $e \in A \cup (E \backslash C_\beta(\mu))$ 且 $\nu < \omega < \mu$, 有

$$
\mu(e) = \omega(e),
$$

因此

$$\rho\left(\nu\right) \leqslant \rho\left(\omega\right) \leqslant \rho\left(\mu\right).$$

由已知, 对任意的 $e_j \in \{e_1, e_2, \cdots, e_q\}$, 有

$$C_\beta\left(\omega\right) = A \in \mathrm{I}_\beta,$$

$$C_{r^j}\left(\omega\right) \supseteq A \cup \{e_j\}.$$

注意到 $A \cup \{e_j\} \notin \mathrm{I}_\beta$, 有

$$C_{r^j}\left(\omega\right) \notin \mathrm{I}_\beta,$$

$$\omega \notin \Psi.$$

由此可见

$$\rho\left(\mu\right) = \rho\left(\omega\right).$$

设 $\bar{\omega}$ 包含于 ω 的一个极大模糊独立集. 那么有

$$\bar{\omega} \leqslant \omega < \mu,$$

$$\rho\left(\nu\right) \leqslant \rho\left(\bar{\omega}\right) = \rho\left(\omega\right).$$

因此对任意的 $e \in A$ 且 $A \in \mathrm{I}_\beta$, 有

$$\nu\left(e\right) = \omega\left(e\right).$$

所以, 对任意的 $e \in A$, 有

$$\bar{\omega}\left(e\right) = \omega\left(e\right) = \nu\left(e\right).$$

假定存在 $e \in C_\beta\left(\mu\right) \backslash A$, 使得

$$\nu\left(e\right) < \bar{\omega}\left(e\right).$$

注意到 $\bar{\omega} \leqslant \omega < \mu$, 因此

$$\bar{\omega}\left(e\right) \leqslant \omega\left(e\right) < \beta.$$

进而有

$$C_{m(\bar{\omega})}(\bar{\omega}) = A \cup \{e\} \notin \mathrm{I}_\beta,$$

这与 $\bar{\omega}$ 是模糊独立集矛盾. 因此对任意的 $e \in E$, 有

$$\bar{\omega}(e) \leqslant \nu(e),$$

这意味着 $\rho(\nu) \geqslant \rho(\bar{\omega})$. 因此有

$$\rho(\mu) = \rho(\bar{\omega}) = \rho(\nu).$$

定理 6.3.4　设 $M = (E, \Psi)$ 是 E 上的一个闭模糊拟阵, $0 = r_0 < r_1 < \cdots < r_n \leqslant 1$ 是拟阵 M 的基本序列, 导出拟阵序列为 $\mathrm{M}_{r_1} \supset \mathrm{M}_{r_2} \supset \cdots \supset \mathrm{M}_{r_n}$, 其中 $\mathrm{M}_{r_i} = (E, \mathrm{I}_{r_i})(i = 1, 2, \cdots, n)$. 设 $\mu \in F(E)$ 且 $R^+(\mu) = \{\alpha, \beta\}(0 < \alpha < \beta \leqslant r_n)$, 那么

(1) 存在 r_k, r_j, 使得

$$r_j < \alpha < \beta \leqslant r_k \quad (j < k, k = 1, 2, \cdots, n)$$

或

$$\alpha \leqslant r_j < \beta \leqslant r_k \quad (j < k, k = 2, 3, \cdots, n).$$

(2) 如果 $C_\beta(\mu) \notin \mathrm{I}_\beta$, 那么 $C_\alpha(\mu) \notin \mathrm{I}_\beta$ 且 μ 是一个模糊相关集.

(3) 如果 $C_\beta(\mu) \notin \mathrm{I}_\beta$, A 是 $C_\beta(\mu)$ 在 I_β 中的最大的独立子集. 那么

(a) 若 $\alpha \leqslant r_{k-1} < \beta \leqslant r_k$, 且令

$$\nu(x) = \begin{cases} \mu(x), & x \in A \cup (C_\alpha(\mu) \backslash C_\beta(\mu)), \\ r_{k-1}, & x \in C_\beta(\mu) \backslash A, \\ 0, & x \in E \backslash C_\alpha(\mu), \end{cases}$$

则

$$\rho(\mu) = \rho(\nu).$$

(b) 若 $r_{k-1} < \alpha < \beta \leqslant r_k$, 且令

$$\nu(x) = \begin{cases} \mu(x), & x \in A \cup (C_\alpha(\mu) \backslash C_\beta(\mu)), \\ \alpha, & x \in C_\beta(\mu) \backslash A, \\ 0, & x \in E \backslash C_\alpha(\mu), \end{cases}$$

则

$$\rho(\mu) = \rho(\nu).$$

(4) 如果 $C_\alpha(\mu) \notin I_\alpha$, $C_\beta(\mu) \in I_\beta$, A 是 $C_\alpha(\mu)$ 在 I_α 中的包含 $C_\beta(\mu)$ 的最大的独立子集, 那么

(a) 若 $r_{k-1} < \alpha \leqslant r_k < \beta$, 且令

$$\nu(x) = \begin{cases} \mu(x), & x \in A, \\ r_{k-1}, & x \in C_\alpha(\mu) \backslash A, \\ 0, & x \in E \backslash C_\alpha(\mu), \end{cases}$$

则

$$\rho(\mu) = \rho(\nu).$$

(b) 若 $r_k < \alpha < \beta \leqslant r_{k+1}$, 且令

$$\nu(x) = \begin{cases} \mu(x), & x \in A, \\ r_k, & x \in C_\alpha(\mu) \backslash A, \\ 0, & x \in E \backslash C_\alpha(\mu), \end{cases}$$

则

$$\rho(\mu) = \rho(\nu).$$

(5) 如果 $C_\alpha(\mu) \notin I_\alpha$ 且 $C_\beta(\mu) \notin I_\beta$, A 是 $C_\alpha(\mu)$ 在 I_α 中的最大的独立子集, B 是 $C_\beta(\mu)$ 在 I_β 中的最大的独立子集, 且 $B \subseteq A$, 那么

(a) 若 $r_{k-1} < \alpha \leqslant r_k < \beta \leqslant r_{k+1}$, 且令

$$\nu(x) = \begin{cases} \mu(x), & x \in B \cup (A \backslash C_\beta(\mu)), \\ r_k, & x \in C_\beta(\mu) \backslash B, \\ r_{k-1}, & x \in C_\alpha(\mu) \backslash A, \\ 0, & x \in E \backslash C_\alpha(\mu), \end{cases} \quad \text{其中} \quad C_\beta(\mu) \subseteq A;$$

或令

$$\nu(x) = \begin{cases} \mu(x), & x \in B, \\ r_k, & x \in A \backslash B, \\ \alpha, & x \in C_\beta(\mu) \backslash A, \\ r_{k-1}, & x \in C_\alpha(\mu) \backslash C_\beta(\mu), \\ 0, & x \in E \backslash C_\alpha(\mu), \end{cases} \qquad \text{其中} \quad A \subseteq C_\beta(\mu),$$

则

$$\rho(\mu) = \rho(\nu).$$

(b) 若 $r_k < \alpha < \beta \leqslant r_{k+1}$, 且令

$$\nu(x) = \begin{cases} \mu(x), & x \in B \cup (A \backslash C_\beta(\mu)), \\ \alpha, & x \in C_\beta(\mu) \backslash B, \\ r_k, & x \in C_\alpha(\mu) \backslash A, \\ 0, & x \in E \backslash C_\alpha(\mu), \end{cases} \qquad \text{其中} \quad C_\beta(\mu) \subseteq A;$$

或者

$$\nu(x) = \begin{cases} \mu(x), & x \in B, \\ \alpha, & x \in C_\beta(\mu) \backslash B, \\ r_k, & x \in C_\alpha(\mu) \backslash C_\beta(\mu), \\ 0, & x \in E \backslash C_\alpha(\mu), \end{cases} \qquad \text{其中} \quad A \subseteq C_\beta(\mu),$$

(注: 当 $A \subseteq C_\beta(\mu)$, $x \in C_\beta(\mu) \backslash A$ 时, $\mu(x) = \beta$.) 则

$$\rho(\mu) = \rho(\nu).$$

证明　(1) 和 (2) 是显然的, 仅证明 (3)—(5).

(3) 因为 $C_\beta(\mu) \notin I_\beta$, A 是 $C_\beta(\mu)$ 在 I_β 中的最大的独立子集, 所以

$$A \in I_\beta, \quad A \subset C_\beta(\mu), \quad \text{即} \quad C_\beta(\mu) \backslash A \neq \varnothing,$$

且对任意的 $e \in C_\beta(\mu) \backslash A$, 有

$$A \cup \{e\} \notin I_\beta.$$

(a) 若 $\alpha \leqslant r_{k-1} < \beta \leqslant r_k$, 且

$$\nu(x) = \begin{cases} \mu(x), & x \in A \cup (C_\alpha(\mu) \setminus C_\beta(\mu)), \\ r_{k-1}, & x \in C_\beta(\mu) \setminus A, \\ 0, & x \in E \setminus C_\alpha(\mu), \end{cases}$$

则

$$\nu < \mu,$$

$$C_\beta(\nu) = A \in \mathrm{I}_\beta,$$

$$C_{r_{k-1}}(\nu) = C_\beta(\mu),$$

$$C_\alpha(\nu) = C_\alpha(\mu),$$

且对任意 $e \in A \cup (E \setminus C_\beta(\mu))$, 都有

$$\nu(e) = \mu(e).$$

设 $\bar{\mu}$ 包含于 μ 的一个极大模糊独立集. 那么有

$$\bar{\mu} \leqslant \mu,$$

$$\rho(\nu) \leqslant \rho(\mu) = \rho(\bar{\mu}).$$

由上述结果可得, 当 $e \in A$ 时, 有

$$\bar{\mu}(e) = \nu(e).$$

(i) 若存在 $e \in C_\beta(\mu) \setminus A$, 使得

$$r_{k-1} = \nu(e) < \bar{\mu}(e) \leqslant \mu(e) = \beta,$$

则有

$$C_{\bar{\mu}(e)}(\bar{\mu}) \supseteq A \cup \{e\},$$

而 $A \cup \{e\} \notin \mathrm{I}_\beta$, 于是有

$$C_{\bar{\mu}(e)}(\nu) \notin \mathrm{I}_\beta = \mathrm{I}_{\bar{\mu}(e)}.$$

所以, $\bar{\mu}$ 不是模糊独立集, 矛盾.

(ii) 若存在 $e \in C_\alpha(\mu) \backslash C_\beta(\mu)$, 使得

$$\nu(e) < \bar{\mu}(e) \leqslant \mu(e) = \alpha.$$

而对任意 $e \in C_\alpha(\mu) \backslash C_\beta(\mu)$, 有

$$\nu(e) = \mu(e) = \alpha.$$

于是有

$$\alpha = \nu(e) < \bar{\mu}(e) \leqslant \alpha, \quad 矛盾.$$

所以, 对任意 $e \in E$, 有

$$\nu(e) \geqslant \bar{\mu}(e), \quad 即 \quad \nu \geqslant \bar{\mu},$$

于是有

$$\rho(\nu) \geqslant \rho(\bar{\mu}).$$

综上所述

$$\rho(\nu) = \rho(\bar{\mu}) = \rho(\mu).$$

(b)　若 $r_{k-1} < \alpha < \beta \leqslant r_k$, 且

$$\nu(x) = \begin{cases} \mu(x), & x \in A \cup (C_\alpha(\mu) \backslash C_\beta(\mu)), \\ \alpha, & x \in C_\beta(\mu) \backslash A, \\ 0, & x \in E \backslash C_\alpha(\mu), \end{cases}$$

则

$$\nu < \mu,$$

$$C_\beta(\nu) = A \in \mathrm{I}_\beta,$$

$$C_\alpha(\nu) = C_\alpha(\mu),$$

且对任意 $e \in A \cup (E \backslash C_\beta(\mu))$, 都有

$$\nu(e) = \mu(e).$$

设 $\bar{\mu}$ 包含于 μ 的一个极大模糊独立集. 那么有

$$\bar{\mu} \leqslant \mu,$$

$$\rho(\nu) \leqslant \rho(\mu) = \rho(\bar{\mu}).$$

由上述结果可得, 当 $e \in A$ 时, 有

$$\bar{\mu}(e) = \nu(e).$$

(i) 若存在 $e \in C_\beta(\mu) \backslash A$, 使得

$$\alpha = \nu(e) < \bar{\mu}(e) \leqslant \mu(e) = \beta,$$

则有

$$C_{\bar{\mu}(e)}(\bar{\mu}) \supseteq A \cup \{e\},$$

而 $A \cup \{e\} \notin I_\beta$, 于是有

$$C_{\bar{\mu}(e)}(\nu) \notin I_\beta = I_{\bar{\mu}(e)}.$$

所以, $\bar{\mu}$ 不是模糊独立集, 矛盾.

(ii) 若存在 $e \in C_\alpha(\mu) \backslash C_\beta(\mu)$, 使得

$$\nu(e) < \bar{\mu}(e) \leqslant \mu(e) = \alpha.$$

而对任意 $e \in C_\alpha(\mu) \backslash C_\beta(\mu)$, 有

$$\nu(e) = \mu(e) = \alpha.$$

于是有

$$\alpha = \nu(e) < \bar{\mu}(e) \leqslant \alpha, \quad \text{矛盾}.$$

所以, 对任意 $e \in E$, 有

$$\nu(e) \geqslant \bar{\mu}(e), \quad \text{即} \quad \nu \geqslant \bar{\mu},$$

于是有

$$\rho(\nu) \geqslant \rho(\bar{\mu}).$$

综上所述

$$\rho\left(\nu\right)=\rho\left(\bar{\mu}\right)=\rho\left(\mu\right).$$

(4) 因为 $C_\alpha\left(\mu\right)\notin \mathrm{I}_\alpha$, $C_\beta\left(\mu\right)\in \mathrm{I}_\beta$, A 是 $C_\alpha\left(\mu\right)$ 在 I_α 中的包含 $C_\beta\left(\mu\right)$ 的最大的独立子集, 所以

$$A\in \mathrm{I}_\alpha,\quad C_\beta\left(\mu\right)\subseteq A\subset C_\alpha\left(\mu\right),\quad 即\quad C_\alpha\left(\mu\right)\backslash A\neq\varnothing,$$

且对任意的 $e\in C_\alpha\left(\mu\right)\backslash A$, 有

$$A\cup\{e\}\notin \mathrm{I}_\alpha,$$

(a)　若 $r_{k-1}<\alpha\leqslant r_k<\beta$, 且

$$\nu\left(x\right)=\begin{cases}\mu\left(x\right), & x\in A,\\ r_{k-1}, & x\in C_\alpha\left(\mu\right)\backslash A,\\ 0, & x\in E\backslash C_\alpha\left(\mu\right),\end{cases}$$

则

$$\nu<\mu,$$

$$C_\beta\left(\nu\right)=C_\beta\left(\mu\right)\in \mathrm{I}_\beta,$$

$$C_\alpha\left(\nu\right)=A\in \mathrm{I}_\alpha,$$

$$C_{r_{k-1}}\left(\nu\right)=C_\alpha\left(\mu\right)\notin \mathrm{I}_\alpha,$$

且对任意 $e\in A\cup\left(E\backslash C_\alpha\left(\mu\right)\right)$, 都有

$$\nu\left(e\right)=\mu\left(e\right).$$

设 $\bar{\mu}$ 包含于 μ 的一个极大模糊独立集. 那么有

$$\bar{\mu}\leqslant\mu,$$

$$\rho\left(\nu\right)\leqslant\rho\left(\mu\right)=\rho\left(\bar{\mu}\right).$$

由上述结果可得, 当 $e\in A$ 时, 有

$$\bar{\mu}\left(e\right)=\nu\left(e\right).$$

若存在 $e \in C_\alpha(\mu) \backslash A$, 使得

$$r_{k-1} = \nu(e) < \bar{\mu}(e) \leqslant \mu(e) = \alpha.$$

则有

$$C_{\bar{\mu}(e)}(\bar{\mu}) \supseteq A \cup \{e\},$$

而 $A \cup \{e\} \notin \mathrm{I}_\alpha$, 于是有

$$C_{\bar{\mu}(e)}(\nu) \notin \mathrm{I}_\alpha = \mathrm{I}_{\bar{\mu}(e)}.$$

所以, $\bar{\mu}$ 不是模糊独立集, 矛盾. 所以, 对任意 $e \in E$, 有

$$\nu(e) \geqslant \bar{\mu}(e), \quad \text{即} \quad \nu \geqslant \bar{\mu},$$

进而有

$$\rho(\nu) \geqslant \rho(\bar{\mu}).$$

所以

$$\rho(\nu) = \rho(\bar{\mu}) = \rho(\mu).$$

(b) 若 $r_k < \alpha < \beta \leqslant r_{k+1}$, 且

$$\nu(x) = \begin{cases} \mu(x), & x \in A, \\ r_k, & x \in C_\alpha(\mu) \backslash A, \\ 0, & x \in E \backslash C_\alpha(\mu), \end{cases}$$

则

$$\nu < \mu,$$

$$C_\beta(\nu) = C_\beta(\mu) \in \mathrm{I}_\beta,$$

$$C_\alpha(\nu) = A \in \mathrm{I}_\alpha,$$

$$C_{r_k}(\nu) = C_\alpha(\mu) \notin \mathrm{I}_\alpha,$$

且对任意 $e \in A \cup (E \backslash C_\alpha(\mu))$, 都有

$$\nu(e) = \mu(e).$$

设 $\bar{\mu}$ 包含于 μ 的一个极大模糊独立集. 那么有

$$\bar{\mu} \leqslant \mu,$$

$$\rho(\nu) \leqslant \rho(\mu) = \rho(\bar{\mu}).$$

由上述结果可得, 当 $e \in A$ 时, 有

$$\bar{\mu}(e) = \nu(e).$$

若存在 $e \in C_\alpha(\mu) \backslash A$, 使得

$$r_k = \nu(e) < \bar{\mu}(e) \leqslant \mu(e) = \alpha,$$

则有

$$C_{\bar{\mu}(e)}(\bar{\mu}) \supseteq A \cup \{e\},$$

而 $A \cup \{e\} \notin \mathrm{I}_\alpha$, 于是有

$$C_{\bar{\mu}(e)}(\nu) \notin \mathrm{I}_\alpha = \mathrm{I}_{\bar{\mu}(e)}.$$

所以, $\bar{\mu}$ 不是模糊独立集, 矛盾. 所以, 对任意 $e \in E$, 有

$$\nu(e) \geqslant \bar{\mu}(e), \quad 即 \quad \nu \geqslant \bar{\mu},$$

进而有

$$\rho(\nu) \geqslant \rho(\bar{\mu}).$$

所以

$$\rho(\nu) = \rho(\bar{\mu}) = \rho(\mu).$$

(5) 因为 $C_\alpha(\mu) \notin \mathrm{I}_\alpha$, $C_\beta(\mu) \notin \mathrm{I}_\beta$, A 是 $C_\alpha(\mu)$ 在 I_α 中的最大的独立子集, B 是 $C_\beta(\mu)$ 在 I_β 中的最大的独立子集. $B \subseteq A$, 所以

$$A \in \mathrm{I}_\alpha, \quad B \in \mathrm{I}_\beta,$$

$$A \subset C_\alpha(\mu), \quad 即 \quad C_\alpha(\mu) \backslash A \neq \varnothing,$$

$$B \subset C_\beta(\mu), \quad 即 \quad C_\beta(\mu) \backslash B \neq \varnothing,$$

且对任意的 $e \in C_\alpha(\mu) \backslash A$, 有

$$A \cup \{e\} \notin \mathrm{I}_\alpha,$$

对任意的 $e \in C_\beta(\mu) \backslash B$, 都有

$$B \cup \{e\} \notin \mathrm{I}_\beta,$$

(a) ① 若 $r_{k-1} < \alpha \leqslant r_k < \beta \leqslant r_{k+1}$, $C_\beta(\mu) \subseteq A$, 且

$$\nu(x) = \begin{cases} \mu(x), & x \in B \cup (A \backslash C_\beta(\mu)), \\ r_k, & x \in C_\beta(\mu) \backslash B, \\ r_{k-1}, & x \in C_\alpha(\mu) \backslash A, \\ 0, & x \in E \backslash C_\alpha(\mu), \end{cases}$$

则

$$\nu < \mu,$$

$$C_\beta(\nu) = B \in \mathrm{I}_\beta,$$

$$C_{r_k}(\nu) = C_\beta(\mu),$$

$$C_\alpha(\nu) = A \in \mathrm{I}_\alpha,$$

$$C_{r_{k-1}}(\nu) = C_\alpha(\mu),$$

且对任意 $e \in B \cup (A \backslash C_\beta(\mu)) \cup (E \backslash C_\alpha(\mu))$, 都有

$$\nu(e) = \mu(e).$$

由于

$$C_{r_k}(\nu) \subseteq C_\alpha(\nu), \quad \mathrm{I}_\alpha = \mathrm{I}_{r_k},$$

因此

$$C_{r_k}(\nu) \in \mathrm{I}_\alpha = \mathrm{I}_{r_k}.$$

设 $\bar{\mu}$ 包含于 μ 的一个极大模糊独立集, 那么有

$$\bar{\mu} \leqslant \mu, \quad \rho(\nu) \leqslant \rho(\mu) = \rho(\bar{\mu}).$$

由上述结果可得, 当 $e \in A$ 时, 有

$$\bar{\mu}(e) = \nu(e).$$

若存在 $e \in C_\alpha(\mu) \backslash A$, 使得

$$r_{k-1} = \nu(e) < \bar{\mu}(e) \leqslant \mu(e) = \alpha,$$

则有

$$C_{\bar{\mu}(e)}(\bar{\mu}) \supseteq A \cup \{e\},$$

而 $A \cup \{e\} \notin \mathrm{I}_\alpha$, 于是有

$$C_{\bar{\mu}(e)}(\nu) \notin \mathrm{I}_\alpha = \mathrm{I}_{\bar{\mu}(e)}.$$

所以, $\bar{\mu}$ 不是模糊独立集, 矛盾. 所以, 对任意 $e \in E$, 有

$$\nu(e) \geqslant \bar{\mu}(e), \quad 即 \quad \nu \geqslant \bar{\mu},$$

进而有

$$\rho(\nu) \geqslant \rho(\bar{\mu}).$$

所以

$$\rho(\nu) = \rho(\bar{\mu}) = \rho(\mu).$$

② 若 $r_{k-1} < \alpha \leqslant r_k < \beta \leqslant r_{k+1}$, $A \subseteq C_\beta(\mu)$, 且

$$\nu(x) = \begin{cases} \mu(x), & x \in B, \\ r_k, & x \in A \backslash B, \\ \alpha, & x \in C_\beta(\mu) \backslash A, \\ r_{k-1}, & x \in C_\alpha(\mu) \backslash C_\beta(\mu), \\ 0, & x \in E \backslash C_\alpha(\mu), \end{cases}$$

则

$$\nu < \mu,$$

$$C_\beta(\nu) = B \in \mathrm{I}_\beta,$$

$$C_{r_k}(\nu) = A \in \mathrm{I}_\alpha = \mathrm{I}_{r_k},$$

$$C_\alpha(\nu) = C_\beta(\mu),$$

$$C_{r_{k-1}}(\nu) = C_\alpha(\mu),$$

且对任意 $e \in B \cup (E \backslash C_\alpha(\mu))$, 都有

$$\nu(e) = \mu(e).$$

设 $\bar{\mu}$ 包含于 μ 的一个极大模糊独立集. 那么有

$$\bar{\mu} \leqslant \mu, \quad \rho(\nu) \leqslant \rho(\mu) = \rho(\bar{\mu}).$$

由上述结果可得, 当 $e \in A$ 时, 有

$$\bar{\mu}(e) = \nu(e).$$

假设存在 $e \in C_\beta(\mu) \backslash A$, 使得

$$\alpha = \nu(e) < \bar{\mu}(e) \leqslant \mu(e) = \beta.$$

则有

$$C_{\bar{\mu}(e)}(\bar{\mu}) \supseteq A \cup \{e\},$$

而 $A \cup \{e\} \notin I_\alpha, I_\alpha \supseteq I_{\bar{\mu}(e)}$. 于是有

$$C_{\bar{\mu}(e)}(\nu) \notin I_{\bar{\mu}(e)}.$$

所以, $\bar{\mu}$ 不是模糊独立集, 矛盾, 即 $\nu(e) \geqslant \bar{\mu}(e)$.

同理可证, 当 $e \in C_\alpha(\mu) \backslash C_\beta(\mu)$ 时, 有 $\nu(e) \geqslant \bar{\mu}(e)$. 所以, 对任意 $e \in E$, 有

$$\nu(e) \geqslant \bar{\mu}(e), \quad 即 \quad \nu \geqslant \bar{\mu},$$

进而有

$$\rho(\nu) \geqslant \rho(\bar{\mu}).$$

所以

$$\rho(\nu) = \rho(\bar{\mu}) = \rho(\mu).$$

(b) 证明类似 (a).

定理 6.3.4 可以推广到下面的定理.

定理 6.3.5　设 $M = (E, \Psi)$ 是 E 上的一个闭模糊拟阵, $0 = r_0 < r_1 < \cdots < r_n \leqslant 1$ 是拟阵 M 的基本序列, 导出拟阵序列为 $\mathrm{M}_{r_1} \supset \mathrm{M}_{r_2} \supset \cdots \supset \mathrm{M}_{r_n}$, 其中 $\mathrm{M}_{r_i} = (E, \mathrm{I}_{r_i})\,(i = 1, 2, \cdots, n)$. 设 $\mu \in F(E)$ 是一个模糊相关集, $R^+(\mu) = \{\beta_1, \beta_2, \cdots, \beta_m\}$ $(0 = \beta_0 < \beta_1 < \beta_2 < \cdots < \beta_m \leqslant r_n)$. 如果 $C_{\beta_k}(\mu) \notin \mathrm{I}_{\beta_k}$, A_k 是 $C_{\beta_k}(\mu)$ 在 I_{β_k} 中的最大的独立子集, A_{k+1} 是 $C_{\beta_{k+1}}(\mu)$ 在 $\mathrm{I}_{\beta_{k+1}}$ (若存在) 中的最大的独立子集. 那么

(1) 若 $k = m$, 且 $\beta_{m-1} \leqslant r_{i-1} < \beta_m \leqslant r_i (2 \leqslant i \leqslant n)$. 令

$$
\nu_m(x) = \begin{cases} \mu(x), & x \in A_m \cup (C_{\beta_1}(\mu) \setminus C_{\beta_m}(\mu)), \\ r_{i-1}, & x \in C_{\beta_m}(\mu) \setminus A_m, \\ 0, & x \in E \setminus C_{\beta_1}(\mu), \end{cases}
$$

则

$$
\rho(\mu) = \rho(\nu_m).
$$

(2) 若 $k = m$, 且 $r_{i-1} < \beta_{m-1} < \beta_m \leqslant r_i (1 \leqslant i \leqslant n)$. 令

$$
\nu_m(x) = \begin{cases} \mu(x), & x \in A_m \cup (C_{\beta_1}(\mu) \setminus C_{\beta_m}(\mu)), \\ \beta_{m-1}, & x \in C_{\beta_m}(\mu) \setminus A_m, \\ 0, & x \in E \setminus C_{\beta_1}(\mu), \end{cases}
$$

则

$$
\rho(\mu) = \rho(\nu_m).
$$

(3) 若 $1 \leqslant k \leqslant m - 1, r_i < \beta_k < \beta_{k+1} \leqslant r_{i+1} (0 \leqslant i \leqslant n - 1)$, $C_{\beta_{k+1}}(\mu) \notin \mathrm{I}_{\beta_{k+1}}$, $C_{\beta_j}(\mu) \in \mathrm{I}_{\beta_j} (j = k + 2, k + 3, \cdots, m)$, $A_{k+1} \subseteq A_k$, 且令

$$
\nu_k(x) = \begin{cases} \mu(x), & x \in A_{k+1} \cup (A_k \setminus C_{\beta_{k+1}}(\mu)), \\ \beta_k, & x \in C_{\beta_{k+1}}(\mu) \setminus A_{k+1}, \\ r_i, & x \in C_{\beta_k}(\mu) \setminus A_k, \\ 0, & x \in E \setminus C_{\beta_k}(\mu), \end{cases} \qquad \text{其中} \quad C_{\beta_{k+1}}(\mu) \subseteq A_k,
$$

或

$$\nu_k(x) = \begin{cases} \mu(x), & x \in A_{k+1}, \\ \beta_k, & x \in C_{\beta_{k+1}}(\mu) \backslash A_{k+1}, \\ r_i, & x \in C_{\beta_k}(\mu) \backslash C_{\beta_{k+1}}(\mu), \\ 0, & x \in E \backslash C_{\beta_k}(\mu), \end{cases} \qquad \text{其中} \quad A_k \subseteq C_{\beta_{k+1}}(\mu),$$

则

$$\rho(\mu) = \rho(\nu_k).$$

(4) 若 $1 \leqslant k \leqslant m-1, r_{i-1} < \beta_k < r_i < \beta_{k+1} \leqslant r_{i+1}(1 \leqslant i \leqslant n-1)$, $C_{\beta_{k+1}}(\mu) \notin I_{\beta_{k+1}}, C_{\beta_j}(\mu) \in I_{\beta_j} (j = k+2, k+3, \cdots, m), A_{k+1} \subseteq A_k$, 且令

$$\nu_k(x) = \begin{cases} \mu(x), & x \in A_{k+1} \cup (A_k \backslash C_{\beta_{k+1}}(\mu)), \\ r_i, & x \in C_{\beta_{k+1}}(\mu) \backslash A_{k+1}, \\ r_{i-1}, & x \in C_{\beta_k}(\mu) \backslash A_k, \\ 0, & x \in E \backslash C_{\beta_k}(\mu), \end{cases} \qquad \text{其中} \quad C_{\beta_{k+1}}(\mu) \subseteq A_k,$$

或

$$\nu_k(x) = \begin{cases} \mu(x), & x \in A_{k+1}, \\ r_i, & x \in A_k \backslash A_{k+1}, \\ \beta_k, & x \in C_{\beta_{k+1}}(\mu) \backslash A_k, \\ r_{i-1}, & x \in C_{\beta_k}(\mu) \backslash C_{\beta_{k+1}}(\mu), \\ 0, & x \in E \backslash C_{\beta_k}(\mu), \end{cases} \qquad \text{其中} \quad A_k \subseteq C_{\beta_{k+1}}(\mu),$$

则

$$\rho(\mu) = \rho(\nu_k).$$

(5) 若 $1 \leqslant k \leqslant m-1, r_{i-1} < \beta_k \leqslant r_i < \beta_{k+1} \leqslant r_{i+1}(1 \leqslant i \leqslant n-1)$, $C_{\beta_j}(\mu) \in I_{\beta_j}(j = k+1, k+2, \cdots, m), A_{k+1} \subseteq A_k$, 且令

$$\nu_k(x) = \begin{cases} \mu(x), & x \in A_k \cup (C_{\beta_1}(\mu) \backslash C_{\beta_k}(\mu)), \\ r_{i-1}, & x \in C_{\beta_k}(\mu) \backslash A_k, \\ 0, & x \in E \backslash C_{\beta_1}(\mu), \end{cases}$$

则

$$\rho\left(\mu\right) = \rho\left(\nu_k\right).$$

(6) 若 $1 \leqslant k \leqslant m-1, r_i < \beta_k < \beta_{k+1} \leqslant r_{i+1}(0 \leqslant i \leqslant n-1),$
$C_{\beta_j}(\mu) \in \mathrm{I}_{\beta_j}(j = k+1, k+2, \cdots, m), A_{k+1} \subseteq A_k,$ 且令

$$\nu_k\left(x\right) = \begin{cases} \mu\left(x\right), & x \in A_k \cup (C_{\beta_1}\left(\mu\right) \backslash C_{\beta_k}\left(\mu\right)), \\ r_i, & x \in C_{\beta_k}\left(\mu\right) \backslash A_k, \\ 0, & x \in E \backslash C_{\beta_1}\left(\mu\right), \end{cases}$$

则

$$\rho\left(\mu\right) = \rho\left(\nu_k\right).$$

说明　对于 $1 \leqslant k \leqslant m-1, r_{i-1} < \beta_k < r_i < \beta_{k+1} \leqslant r_{i+1}$ 或 $r_i <$
$\beta_k < \beta_{k+1} \leqslant r_{i+1}(1 \leqslant i \leqslant n-1), C_{\beta_j}(\mu) \notin \mathrm{I}_{\beta_j}(j = k+2, k+3, \cdots, m),$
这种情形, 可以按照定理 6.3.5(1) 或 (2) 得出相应的结果.

从定理 6.3.5, 很容易得到推论 6.3.2.

推论 6.3.2　设 $M = (E, \Psi)$ 是 E 上的一个闭模糊拟阵, $0 = r_0 <$
$r_1 < \cdots < r_n \leqslant 1$ 是拟阵 M 的基本序列, 导出拟阵序列为 $\mathrm{M}_{r_1} \supset \mathrm{M}_{r_2} \supset$
$\cdots \supset \mathrm{M}_{r_n}$, 其中 $\mathrm{M}_{r_i} = (E, \mathrm{I}_{r_i})(i = 1, 2, \cdots, n)$. 设 $\mu \in F(E)$ 是一个模
糊相关集, $R^+(\mu) \subseteq \{r_1, r_2, \cdots, r_n\}$. 如果 A_k 是 $C_{r_k}(\mu)$ 在 I_{r_k} 中的最大
的独立子集, 那么

(1) 若 $k = n, C_{r_n}(\mu) \notin \mathrm{I}_{r_n},$ 令

$$\nu_n\left(x\right) = \begin{cases} \mu\left(x\right), & x \in A_n \cup (C_{r_1}\left(\mu\right) \backslash C_{r_n}\left(\mu\right)), \\ r_{n-1}, & x \in C_{r_n}\left(\mu\right) \backslash A_n, \\ 0, & x \in E \backslash C_{\beta_1}\left(\mu\right), \end{cases}$$

则

$$\rho\left(\mu\right) = \rho\left(\nu_n\right).$$

(2) 若 $k < n, C_{r_k}(\mu) \notin \mathrm{I}_{r_k}, C_{r_j}(\mu) \in \mathrm{I}_{r_j}(j = k+1, k+2, \cdots, m),$

$A_{k+1} \subseteq A_k$, 令

$$\nu_k(x) = \begin{cases} \mu(x), & x \in A_k \cup (C_{r_1}(\mu) \backslash C_{r_k}(\mu)), \\ r_{k-1}, & x \in C_{\beta_k}(\mu) \backslash A_k, \\ 0, & x \in E \backslash C_{\beta_1}(\mu), \end{cases}$$

则

$$\rho(\mu) = \rho(\nu_k).$$

第 7 章　模糊拟阵的闭集

模糊拟阵的闭包算子也可以用来刻画模糊拟阵. 本章主要介绍了模糊拟阵的闭集和闭包算子.

7.1　模糊拟阵的相关性

首先, 集合 E 的子集 A 的秩与向 A 中添加其他元素所构成集合的秩可能相等, 也可能不相等, 由此, 由定义 2.2.7, 设 E 是有限元素的集合, R 是 E 上拟阵 $\mathrm{M} = (E, \mathrm{I})$ 的秩函数. 对任意的 $A \subseteq E$ 和 $x \in E$, 若 $R(A \cup \{x\}) = R(A)$, 则称 x 与 A 相关, 记作 $x \sim A$.

对于模糊拟阵, 也可以有类似的定义.

定义 7.1.1　设 $M = (E, \Psi)$ 是一个模糊拟阵, $\mu \in F(E)$, $\lambda \in (0, 1]$, $e \in E$, $s_e^\lambda = \omega(\{e\}, \lambda)$ (称为 M 的一个尖), 其中 ρ 为 M 的模糊秩函数, 且

$$\omega(\{e\}, \lambda)(x) = \begin{cases} \lambda, & x = e, \\ 0, & x \neq e. \end{cases}$$

若 $\rho(\mu \vee s_e^\lambda) = \rho(\mu)$, 则称 s_e^λ 与 μ 相关, 记为 $s_e^\lambda \sim \mu$. 否则, 称 s_e^λ 与 μ 不相关.

根据上述定义, 不难得出下列性质.

性质 7.1.1　设 λ_1, λ_2 为实数, 且 $0 < \lambda_1 < \lambda_2 \leqslant 1$, 则 $s_e^{\lambda_1} \sim s_e^{\lambda_2}$.

性质 7.1.2　设 $\forall e \in \operatorname{supp}\mu, \forall \lambda \in (0, \mu(e)]$, 则有 $s_e^\lambda \sim \mu$.

性质 7.1.3　若 $s_e^\lambda \sim \mu$, 则 $\lambda' \in (0, \lambda]$, $s_e^{\lambda'} \sim \mu$.

性质 7.1.4　若 $s_e^\lambda \sim \mu, \mu \leqslant \nu$, 则 $s_e^\lambda \sim \nu$. 该性质称为相关关系的传递性.

定理 7.1.1　设 $M = (E, \Psi)$ 是一个模糊拟阵, $0 = r_0 < r_1 < \cdots < r_n \leqslant 1$ 为其基本序列, $\mu \in F(E)$, 则下述结论成立:

(1) 对 $\forall \lambda \in (0, 1]$, 若 $s_e^\lambda \sim \mu$, 则

$$s_e^\lambda \leqslant \mu, \text{或者} \nu \leqslant \mu, \text{且} \nu \vee s_e^\lambda \text{是模糊圈}.$$

反之, 设 $e \in E$, 若存在 $\nu \leqslant \mu$, 存在 $\lambda \in (0, m(\nu)]$, 使得 $\nu \vee s_e^\lambda$ 为模糊圈, 则对任意的 $\lambda \in (0, m(\nu)]$, 都有

$$s_e^\lambda \sim \mu.$$

(2) 设 $e \notin \mathrm{supp}\mu$, $\lambda \in (0, 1]$, 若 $s_e^\lambda \sim \mu$, 则存在 $r \in (0, 1]$, 存在 $A \subseteq \mathrm{supp}\mu, A \in \mathrm{I}_r$, 使得

$$A \cup \{e\} \text{ 是 } (E, \mathrm{I}_r) \text{ 的圈}.$$

反之, 若存在 $r \in (0, m(\mu)]$, $A \subseteq \mathrm{supp}\mu, A \in \mathrm{I}_r$, 使得 $A \cup \{e\}$ 是 (E, I_r) 的圈, 则存在 $\lambda \in (0, 1]$, 使得

$$s_e^\lambda \sim \mu,$$

其中, I_r 如定理 3.1.1 中所述.

证明　(1) 先证第一部分: 当 $s_e^\lambda \leqslant \mu$ 时, 显然结论成立.

当 $s_e^\lambda \leqslant \mu$ 不成立时, 有 $\lambda > \mu(e)$. 取 $\nu^* < \mu, \nu^* \in \Psi$, 使得

$$\rho(\mu) = \rho(\nu^*) = |\nu^*|,$$

则必有

$$\nu^* \vee s_e^\lambda \notin \Psi.$$

于是, 存在模糊圈 ω', 使得

$$\omega' \leqslant \nu^* \vee s_e^\lambda \quad \text{且} \quad e \in \mathrm{supp}\,\omega'.$$

(否则, $\omega' \leqslant \nu^*$, 且 $\omega' \in \Psi$.)

取初等模糊圈 $\omega = \omega(\mathrm{supp}\,\omega', \lambda')\,(0 < \lambda' \leqslant \lambda)$, 此时有

$$\mathrm{supp}\,\omega = \mathrm{supp}\,\omega'.$$

构造模糊集 $\mu_0 = s_e^\lambda \vee (\omega \backslash \backslash_e)$，则

$$R^+ (\mu_0) = \{\lambda', \lambda\},$$

$$C_{\lambda'} (\mu_0) = \operatorname{supp} \omega \text{ 仍为 } I_{\lambda'} \text{ 的圈.}$$

而

$$C_\lambda (\mu_0) = \begin{cases} \operatorname{supp} \omega, & \lambda' = \lambda, \\ \{e\}, & \lambda' < \lambda. \end{cases}$$

当 $\lambda' = \lambda$ 时，取 $\nu = \omega \backslash \backslash_e$；当 $\lambda' < \lambda$ 时，若 $\{e\} \in I_\lambda$，取 $\nu = \omega \backslash \backslash_e$；若 $\{e\} \notin I_\lambda$，取 $\nu = \varnothing$. 则 ν 满足命题条件，所以结论成立.

再证第二部分：因为 $\nu \vee s_e^{m(\nu)}$ 为模糊圈，而 M 为闭模糊拟阵，设 $\tau\big(\nu \vee s_e^{m(\nu)}\big)$ 为 $\nu \vee s_e^{m(\nu)}$ 的模糊圈函数，则

$$\tau\big(\nu \vee s_e^{m(\nu)}\big) = 0, \quad m\big(\nu \vee s_e^{m(\nu)}\big) = m(\nu).$$

从而

$$\begin{aligned} \rho\big(\nu \vee s_e^{m(\nu)}\big) &= \big|\nu \vee s_e^{m(\nu)}\big| - m\big(\nu \vee s_e^{m(\nu)}\big) - \tau\big(\nu \vee s_e^{m(\nu)}\big) \\ &= \big|\nu \vee s_e^{m(\nu)}\big| - m(\nu) \\ &= |\nu|, \end{aligned}$$

即 $s_e^{m(\nu)} \sim \nu$，于是，由传递性知，$s_e^{m(\nu)} \sim \mu$. 结论成立.

(2) 先证第一部分：取 $\nu \in \Psi, \nu \leqslant \mu$，使得

$$\rho(\mu) = \rho(\nu) = |\nu|.$$

由 $s_e^\lambda \sim \mu$，且 $e \notin \operatorname{supp} \mu$ 知

$$\nu \vee s_e^\lambda \notin \Psi,$$

则有模糊圈 ω，使得

$$\omega \leqslant \nu \vee s_e^\lambda.$$

显然，$\omega \leqslant \mu \vee s_e^\lambda$，且 $e \in \operatorname{supp} \omega$.

设 $R^+(\omega) = \{\beta_1, \beta_2, \cdots, \beta_k\}$, 则存在 $\lambda_0 \in \{\beta_1, \beta_2, \cdots, \beta_k\}$, 使得

$$\omega = s_e^{\lambda_0} \vee (\omega \backslash\backslash_e).$$

从而, $C_{\beta_1}(\omega)$ 为 (E, I_{β_1}) 的圈.

令 $A = \text{supp}(\omega\backslash\backslash_e)$, 显然, $A \in I_{\beta_1}$, 则

$$A \cup \{e\} \text{ 为 } (E, I_{\beta_1}) \text{ 的圈}.$$

再证第二部分 (反证法). 假设对任意的 $\lambda \in (0, 1]$, s_e^λ 与 μ 不相关. 则对任意的 $r \in (0, m(\nu)]$ 任意的 $A \in I_r$, 且 $A \subseteq \text{supp}\mu$, 有

$$\omega(A, r) \in \Psi.$$

(否则, 若 $\omega(A, r) \notin \Psi$, 则存在 $r' \leqslant r, A' \subseteq A$, 使得

$$\omega(A', r') \leqslant \omega(A, r),$$

且 $\omega(A', r')$ 为 $(E, I_{r'})$ 的圈. 从而 $A' \notin I_{r'}$, 而 $I_{r'} \supseteq I_r$, 所以, $A' \notin I_r$, 于是 $A \notin I_r$. 矛盾.)

因为对任意的 $\lambda \in (0, 1]$, s_e^λ 与 μ 不相关, 所以由传递性知, 对任意的 $\lambda \in (0, 1]$, 有 s_e^λ 与 $\omega(A, r)$ 不相关.

由 A 和 λ 的任意性知, 有 $s_e^\lambda \vee \omega(A, r) \in \Psi$, 从而, $A \cup \{e\} \in I_r$. 矛盾. 结论成立.

7.2 模糊拟阵的闭集的性质

在定义 2.2.7 中定义了拟阵的闭集和闭包算子, 这个概念也可以推广到模糊拟阵中. 下面给出模糊拟阵的闭集和闭包算子的概念.

定义 7.2.1 设 $M = (E, \Psi)$ 是一个模糊拟阵, $\mu \in F(E)$, ρ 为 M 的模糊秩函数, 若对任意的 $e \in E\backslash\text{supp}\mu$, 任意的 $\lambda \in (0, 1]$, 都有

$$\rho(\mu \vee s_e^\lambda) = \rho(\mu) + \lambda,$$

则称 μ 是 M 的模糊闭集.

定义 7.2.2　设 $M = (E, \Psi)$ 是一个模糊拟阵, M 的闭包算子 σ 是一个函数 $\sigma : F(E) \to F(E)$, 使得对任意的 $\mu \in F(E)$, 有

$$\sigma(\mu) = \vee \{s_e^\lambda | s_e^\lambda \sim \mu, \forall \lambda \in (0, 1], \forall e \in E\}.$$

接下来将探讨涉及闭集和闭包算子的一些重要性质.

定理 7.2.1　设 $M = (E, \Psi)$ 是一个模糊拟阵, ρ 是 M 的模糊秩函数, σ 是 M 的模糊闭包算子, 则对任意的 $\mu \in F(E)$, $\sigma(\mu)$ 是 M 的模糊闭集.

证明　若不然, 则存在 $e \in E \backslash \mathrm{supp}(\sigma(\mu))$, $\lambda \in (0, 1]$, 使得

$$\rho\left(\sigma(\mu) \vee s_e^\lambda\right) = \rho(\sigma(\mu)) = \rho(\mu),$$

但由于 $e \notin \mathrm{supp}(\sigma(\mu))$, 所以

$$\rho\left(\sigma(\mu) \vee s_e^\lambda\right) \geqslant \rho\left(\mu \vee s_e^\lambda\right) > \rho(\mu). \quad 矛盾.$$

定理 7.2.2　设 $M = (E, \Psi)$ 是一个模糊拟阵, $\mu \in F(E)$, 则下列条件等价:

(1) μ 是 M 的一个闭集;

(2) $\sigma(\mu) = \mu$;

(3) 设对任意的 $e \in E \backslash \mathrm{supp}\mu$, 任意的 $\lambda \in (0, 1]$, s_e^λ 与 μ 不相关.

证明　(1)$\Rightarrow$(2)　显然, $\mu \leqslant \sigma(\mu)$. 假设 $\mu < \sigma(\mu)$, 则存在 $e \in \mathrm{supp}(\sigma(\mu)) \backslash \mathrm{supp}\mu, \lambda \in (0, 1]$, 使得

$$s_e^\lambda \sim \mu, \quad 即 \quad \rho\left(\sigma(\mu) \vee s_e^\lambda\right) = \rho(\mu).$$

这与 μ 是闭集矛盾. 所以结论成立.

(2)$\Rightarrow$(3)　假设 $s_e^\lambda \sim \mu$, 则 $\mathrm{supp}\mu \subset \mathrm{supp}(\sigma(\mu))$, 从而 $\mu < \sigma(\mu)$. 与 (2) 矛盾. 结论成立.

(3)$\Rightarrow$(1)　若 μ 不是闭集, 则存在 $e \in E \backslash \mathrm{supp}\mu$, $\lambda \in (0,1]$, 使得

$$s_e^\lambda \sim \mu, \quad 矛盾.$$

因此, 定理成立.

定理 7.2.3　设 $M = (E, \Psi)$ 是一个模糊拟阵, μ 和 ν 是 M 的两个闭集, 则 $\mu \wedge \nu$ 也是 M 的闭集.

证明　首先等式 $\mathrm{supp}\,(\mu \wedge \nu) = \mathrm{supp}\mu \cap \mathrm{supp}\nu$ 显然成立.

假设 $\mu \wedge \nu$ 不是 M 的闭集, 则存在 $e \in E \backslash \mathrm{supp}(\mu \wedge \nu)$, $\lambda \in (0,1]$, 使得

$$\rho\left((\mu \wedge \nu) \vee s_e^\lambda\right) = \rho\left(\mu \wedge \nu\right),$$

即 $s_e^\lambda \sim \mu \wedge \nu$. 又 $\mu \vee \nu \leqslant \mu$, $\mu \vee \nu \leqslant \nu$, 由相关的传递性知, $s_e^\lambda \sim \mu$, 且 $s_e^\lambda \sim \nu$. 所以

$$e \in \mathrm{supp}\mu \cap \mathrm{supp}\nu = \mathrm{supp}\,(\mu \wedge \nu),$$

矛盾. 结论成立.

定理 7.2.4　设 $M = (E, \Psi)$ 是一个模糊拟阵, $\mu \in F(E)$, 则 $\sigma(\mu) = \wedge \nu_i$, 其中, $\nu_i \in F(E)$ 表示 M 中所有的满足条件 $\mu \leqslant \nu_i$ 的闭集.

证明　令 $\nu = \wedge \nu_i$, 则 $\mu \leqslant \nu$. 由定理 7.2.1 知, $\sigma(\mu)$ 是 M 的闭集, 且 $\mu \leqslant \sigma(\mu)$, 又因为 $\nu_i \in F(E)$ 表示 M 中所有的满足条件 $\mu \leqslant \nu_i$ 的闭集. 所以, $\nu \leqslant \sigma(\mu)$.

假设 $\nu < \sigma(\mu)$, 则存在

$$e \in \mathrm{supp}\,(\sigma(\mu)) \backslash \mathrm{supp}\nu,$$

其中, $\lambda \in (0,1]$, 使得

$$\rho\left(\sigma(\mu) \vee s_e^\lambda\right) = \rho(\sigma(\mu)) = \rho(\mu), \tag{7.2.1}$$

$$\rho\left(\nu \vee s_e^\lambda\right) = \rho(\nu) + \lambda. \tag{7.2.2}$$

由 (7.2.1) 知, $s_e^\lambda \sim \mu$, 从而, $s_e^\lambda \sim \nu$. 由 (7.2.2) 知, $s_e^\lambda \sim \nu$ 不成立. 矛盾. 所以, $\sigma(\mu) = \nu = \wedge \nu_i$. 结论成立.

7.3 模糊拟阵的闭包算子

在拟阵的公理系统中, 结合元素与集合的相关性质, 可以由闭包算子导出一个拟阵的闭包公理.

定理 7.3.1 (闭包公理)   设 E 是有限集合, 一个函数 $\sigma : 2^E \to 2^E$ 是 E 上某拟阵的闭包算子当且仅当对任意的 $X, Y \subseteq E$ 和 $x, y \in E$, 有下面条件成立:

(S1) $X \subseteq \sigma(X)$;

(S2)   若 $Y \subseteq X$, 则 $\sigma(Y) \subseteq \sigma(X)$;

(S3) $\sigma(X) = \sigma(\sigma(X))$;

(S4)   若 $y \notin \sigma(X), y \in \sigma(X \cup \{x\})$, 则 $x \in \sigma(X \cup \{y\})$.

类似地, 拟阵的闭包公理也可以推广到模糊拟阵. 首先, 给出模糊闭包算子的一些性质.

定理 7.3.2   设 $M = (E, \varPsi)$ 是一个模糊拟阵, $0 = r_0 < r_1 < \cdots < r_n \leqslant 1$ 为 M 的基本序列. 则对任意的 $\mu, \nu \in F(E)$, M 的闭包算子 σ 具有以下性质:

(1) $\mu \leqslant \sigma(\mu)$;

(2) 若 $\mu \leqslant v$, 则 $\sigma(\mu) \leqslant \sigma(v)$.

证明   (1) 由定义 7.2.4 及相关性的性质可以得到.

(2) 由相关性的传递性容易证明.

定理 7.3.3   设 $M = (E, \varPsi)$ 是一个模糊拟阵, ρ, σ 分别为其秩函数和闭包算子. 若 $\mu \leqslant v, \rho(\mu) = \rho(\nu)$, 则 $\sigma(\mu) = \sigma(\nu)$.

证明   由定理 7.3.2 (2) 知, $\sigma(\mu) \leqslant \sigma(\nu)$. 假设 $\sigma(\mu) = \sigma(\nu)$ 不成立, 则有

$$\sigma(\mu) < \sigma(\nu).$$

所以, 存在 $e \in \operatorname{supp}(\sigma(\nu))$, 使得

$$s_e^\lambda \sim \mu \quad \text{不成立},$$

从而

$$\rho(\nu) = \rho\left(\nu \vee s_e^\lambda\right) \geqslant \rho\left(\mu \vee s_e^\lambda\right) > \rho(\mu). \quad \text{矛盾}.$$

定理 7.3.4 设 $M = (E, \Psi)$ 是一个模糊拟阵, ρ, σ 分别是其秩函数和闭包算子, 则

$$\rho(\mu) = \rho(\sigma(\mu)).$$

证明 显然, $\rho(\mu) \leqslant \rho(\sigma(\mu))$. 假设 $\rho(\mu) < \rho(\sigma(\mu))$, 则存在 $e \in \operatorname{supp}(\sigma(\mu))$, $\lambda \in (0, 1]$, 使得

$$s_e^\lambda \leqslant \mu,$$
$$\rho(\mu \vee s_e^\lambda) > \rho(\mu),$$

即 $s_e^\lambda \sim \mu$ 不成立. 但 $s_e^\lambda \leqslant \mu$, 由 σ 的定义知, $s_e^\lambda \sim \mu$. 矛盾.

定理 7.3.5 设 $M = (E, \Psi)$ 是一个模糊拟阵, $0 = r_0 < r_1 < \cdots < r_n \leqslant 1$ 为 M 的基本序列. σ_1 是 $\mathrm{M}_{\overline{r_1}}$ 中的闭包算子, 则对任意的 $\mu, \nu \in F(E)$, M 的闭包算子 σ 具有以下性质:

(1) $\sigma(\mu) = \sigma(\sigma(\mu))$;

(2) $\sigma_1(\operatorname{supp}\mu) = \operatorname{supp}(\sigma(\mu))$;

(3) 若任意的 $\lambda \in (0, 1]$, $s_e^\lambda \not\leqslant \sigma(\mu)$, 且存在 $\lambda_0 \in (0, 1]$, $e' \in E$, 使得

$$s_e^{\lambda_0} \leqslant \sigma(\mu \vee s_{e'}^{\lambda'}),$$

则存在 $\lambda'' \in (0, \lambda_0]$, 使得

$$s_{e'}^{\lambda''} \leqslant \sigma(\mu \vee s_e^{\lambda_0});$$

(4) 若 $X \subseteq E$, $\forall a \in (0, 1]$, 存在 $x \in X$, $\lambda \in (0, a)$, 使得

$$s_x^a \leqslant \sigma\left((\omega(X, a) \setminus\!\setminus_x) \vee s_x^\lambda\right),$$

则存在 $b \in (0, 1]$ 和 $y \in X$, 使得 $s_y^b \leqslant \sigma(\omega(X, a) \setminus\!\setminus_y)$, 其中

$$\mathrm{M}_{\overline{r_1}} = (E, \mathrm{I}_{\overline{r_1}}), \quad \mathrm{I}_{\overline{r_1}} = \{C_{\overline{r_1}}(\mu) | \mu \in \Psi\}, \quad \overline{r}_1 = \frac{r_0 + r_1}{2}.$$

证明 (1) 由定理 7.3.3 和定理 7.3.4 容易证明.

(2) 一方面, $\forall x \in \sigma_1(\mathrm{supp}\mu)$, 若 $x \in \mathrm{supp}(\sigma(\mu))$, 则

$$\sigma_1(\mathrm{supp}\mu) \subseteq \mathrm{supp}(\sigma(\mu)).$$

若 $x \notin \mathrm{supp}(\sigma(\mu))$, 则有 $\mathrm{M}_{\bar{r}_1}$ 的圈 C, 使得

$$x \in C, \quad C \backslash x \subseteq \mathrm{supp}\mu.$$

由定理 7.3.2(2) 知, 对任意 $\lambda \in (0, \lambda')$, 有

$$s_e^\lambda \sim \mu, \quad \text{其中} \quad \lambda' = \min\{m(\mu), r_1\}.$$

故 $x \in \mathrm{supp}(\sigma(\mu))$. 从而

$$\sigma_1(\mathrm{supp}\mu) \subseteq \mathrm{supp}(\sigma(\mu)).$$

另一方面, 对任意 $x \in \mathrm{supp}(\sigma(\mu))$, 存在 $\lambda \in (0, 1)$, 使得

$$s_e^\lambda \sim \mu.$$

若 $x \in \mathrm{supp}\mu$, 显然, $x \in \sigma_1(\mathrm{supp}\mu)$.

若 $x \notin \mathrm{supp}\mu$, 由定理 4.1.3(2) 知, 对 $\overline{r_1}$, 存在 $A \subseteq \mathrm{supp}\mu, A \in \mathrm{I}_{\bar{r}_1}$, 使得

$$A \cup \{x\} \text{是}(E, \mathrm{I}_{\bar{r}_1}) \text{的圈}.$$

故 $x \in \sigma_1(\mathrm{supp}\mu)$. 从而

$$\mathrm{supp}(\sigma(\mu)) \subseteq \sigma_1(\mathrm{supp}\mu).$$

所以, 结论成立.

(3) 由 $\lambda \in (0, 1]$, $s_e^\lambda \not\leqslant \sigma(\mu)$ 知

$$e \notin \sigma_1(\mathrm{supp}\mu) = \mathrm{supp}(\sigma(\mu)).$$

而由 $s_e^{\lambda_0} \leqslant \sigma(\mu \vee s_{e'}^{\lambda'})$ 知

$$e \in \mathrm{supp}\left(\sigma\left(\mu \vee s_{e'}^{\lambda'}\right)\right) = \sigma_1\left(\mathrm{supp}\left(\mu \vee s_{e'}^{\lambda'}\right)\right) = \sigma_1\left(\mathrm{supp}\mu \cup \{e'\}\right),$$

所以

$$e' \in \sigma_1(\mathrm{supp}\mu \cup \{e\}) = \mathrm{supp}\left(\sigma\left(\mu \vee s_e^{\lambda_0}\right)\right).$$

故存在 $\lambda'' \in (0,1]$, 使得

$$s_{e'}^{\lambda''} \leqslant \sigma\left(\mu \vee s_e^{\lambda_0}\right).$$

(4) 采用反证法. 假设对 $\forall y \in X, b \in (0,1]$, 有

$$s_y^b \not\leqslant \sigma\left(\omega(X,a)\backslash\backslash_y\right),$$

即 $y \notin \sigma_1\left(X\backslash\backslash_y\right)$. 所以, X 中不存在含 y 的圈.

由 y 的任意性知

$$X \in I_{\bar{\tau}_1},$$

所以, 存在 $a \in (0,1]$, 使得

$$\omega(X,a) \in \Psi.$$

从而, 对任意的 $x \in X, \lambda \in (0,a]$, 都有

$$s_x^a \not\leqslant \sigma\left(\left(\omega(X,a)\backslash\backslash_x\right) \vee s_x^\lambda\right) \quad \text{成立.}$$

于是, $X \notin I_{\bar{\tau}_1}$, 矛盾.

第 8 章　模糊拟阵的对偶与超平面

把拟阵的对偶和超平面在模糊拟阵上进行推广, 可以得到模糊拟阵的对偶和超平面. 本章主要介绍了模糊拟阵的对偶和超平面的概念, 讨论了对偶模糊拟阵和超平面的相关性质.

8.1　对偶模糊拟阵的定义

根据拟阵的对偶的概念, 给出模糊拟阵的对偶的概念, 并介绍其中的几个相关性质.

定义 8.1.1　设 $M = (E, \Psi)$ 是闭正规模糊拟阵, $\boldsymbol{B}$ 是 M 的模糊基集. 令 $\mathbf{1} : E \to [0, 1]$ 为一模糊集, 使对 $\forall e \in E$, 有 $\mathbf{1}(e) = 1$. 设 $\beta \in F(E)$, 令 $\beta^c = \mathbf{1} - \beta$. 则 $\boldsymbol{B}^c = \{\beta^c | \beta \in \boldsymbol{B}\}$ 是某闭正规模糊拟阵 M^* 的基集, 并称此拟阵为 M 的模糊对偶拟阵.

定理 8.1.1　设 $M = (E, \Psi)$ 是闭正规模糊拟阵, M^* 为它的模糊对偶拟阵, 则下列命题成立:

(1) 若 $\boldsymbol{B}$ 和 $\boldsymbol{B}^*$ 分别是 M 和 M^* 的基集, 则 $|\boldsymbol{B}| = |\boldsymbol{B}^*|$;

(2) $(M^*)^* = M$;

(3) 若 ρ 和 ρ^* 分别是 M 和 M^* 的秩函数, 对 $\forall \mu \in F(E)$, 令 $\mu^c = \mathbf{1} - \mu$, 则

$$\rho^*(\mu) = |\mu| + \rho(\mu^c) - \rho(\mathbf{1}).$$

定义 8.1.2　设 $M = (E, \Psi)$ 是一个闭正规模糊拟阵, $\mu \in F(E)$, 若存在 M 的基 B, 使得 $B \leqslant \mu$, 则称 μ 为闭正规拟阵 M 的模糊支撑集.

定理 8.1.2　设 $M = (E, \Psi)$ 是闭正规模糊拟阵, $\mu \in F(E)$, $\mu^c = \mathbf{1} - \mu$, 则

μ 是 M^* 的模糊独立集 $\Leftrightarrow \mu^c$ 是 M 的模糊支撑集.

由于闭正规模糊拟阵的基有相同的势, 而且闭正规模糊拟阵的对偶拟阵也是闭正规的, 所以记闭正规的拟阵的秩 $\rho(M)$ 为它们基的势. 由定理 8.1.1(3) 容易得到下述定理.

定理 8.1.3 设 $M = (E, \Psi)$ 是闭正规模糊拟阵, M^* 是 M 的对偶模糊拟阵. ρ 和 ρ^* 分别是 M 和 M^* 的模糊秩函数, 则

$$\rho^*(M^*) = |E| - \rho(M).$$

定理 8.1.4 设 $M = (E, \Psi)$ 是闭正规模糊拟阵, $M^* = (E, \Psi^*)$ 是 M 的对偶拟阵, 则 $\mu \in F(E)$ 是 M 的基 $\Leftrightarrow$ 对任意的 M 的反圈 C^*, 存在 $e \in E$, 使得

$$\mu(e) + C^*(e) > 1.$$

8.2 对偶模糊拟阵的性质

下面给出闭正规模糊拟阵的对偶的一个性质.

定理 8.2.1 $M = (E, \Psi)$ 是一闭正规模糊拟阵, $0 = r_0 < r_1 < \cdots < r_n < 1$ 为 M 的基本序列, $M^* = (E, \Psi^*)$ 是 M 的模糊对偶拟阵, μ^c 是 M^* 的一个模糊基. 则

(1) $R^+(\mu^c) = \{1 - r_n, 1 - r_{n-1}, \cdots, 1 - r_2, 1 - r_1, 1\}$,

或者

$$R^+(\mu^c) = \{1 - r_n, 1 - r_{n-1}, \cdots, 1 - r_2, 1 - r_1\}.$$

(2) M^* 的基本序列为 $0, 1 - r_n, 1 - r_{n-1}, \cdots, 1 - r_2, 1 - r_1, 1$, 或者

$$0, 1 - r_n, 1 - r_{n-1}, \cdots, 1 - r_2, 1 - r_1.$$

(3) 对任意的 $1 \leqslant i \leqslant n$ (或 $0 \leqslant i \leqslant n$), $C_{1-r_i}(\mu^c)$ 是 (E, I_{1-r_i}) 的一个基.

证明 (1) $M^* = (E, \Psi^*)$ 是闭正规模糊拟阵 M 的模糊对偶拟阵, 由定义 8.1.1 知, $M^* = (E, \Psi^*)$ 也是闭正规模糊拟阵.

因为 μ^c 是 M^* 的一个模糊基, 所以存在 M 的一个模糊基 μ, 使得

$$\mu^c = \mathbf{1} - \mu,$$

其中对任意的 $e \in E$, 都有 $\mathbf{1}(e) = 1$.

又因为 $R^+(\mu) = \{r_1, r_2, \cdots, r_n\}$, 且对任意的 $e \in E$, 都有

$$\mu^c(e) = 1 - \mu(e),$$

所以, 有

(i) 若存在 $e \in E$, 使得 $\mu(e) = 0$, 则 $\mu^c(e) = 1$. 于是有

$$R^+(\mu^c) = \{1 - r_n, 1 - r_{n-1}, \cdots, 1 - r_2, 1 - r_1, 1\}.$$

(ii) 若对任意的 $e \in E$, 都有 $\mu(e) > 0$, 则

$$R^+(\mu^c) = \{1 - r_n, 1 - r_{n-1}, \cdots, 1 - r_2, 1 - r_1, 1\}.$$

(2) 由推论 4.4.1 及 (1) 中的结论, 若 $R^+(\mu^c) = \{1 - r_n, 1 - r_{n-1}, \cdots, 1 - r_2, 1 - r_1, 1\}$, 其中 $0 < 1 - r_n < 1 - r_{n-1} < \cdots < 1 - r_2 < 1 - r_1 < 1$, 则 M^* 的基本序列为

$$0, 1 - r_n, 1 - r_{n-1}, \cdots, 1 - r_2, 1 - r_1, 1.$$

若 $R^+(\mu^c) = \{1 - r_n, 1 - r_{n-1}, \cdots, 1 - r_2, 1 - r_1\}$, 其中 $0 < 1 - r_n < 1 - r_{n-1} < \cdots < 1 - r_2 < 1 - r_1 < 1$, 则 M^* 的基本序列为

$$0, 1 - r_n, 1 - r_{n-1}, \cdots, 1 - r_2, 1 - r_1, 1.$$

(3) 由定理 4.1.3 及 (2) 中的结论, 若 M^* 的基本序列为 $0 < 1 - r_n < 1 - r_{n-1} < \cdots < 1 - r_2 < 1 - r_1 < 1 - r_0 = 1$, 则对任意的 $0 \leqslant i \leqslant n$, 有

$$C_{1-r_i}(\mu^c) \text{ 是 } (E, \mathbf{I}_{1-r_i}) \text{ 的一个基}.$$

若 M^* 的基本序列为 $0 < 1 - r_n < 1 - r_{n-1} < \cdots < 1 - r_2 < 1 - r_1$ (其中 $1 - r_1 < 1$), 则对任意的 $1 \leqslant i \leqslant n$, 有

$$C_{1-r_i}(\mu^c) \text{ 是 } (E, \mathbf{I}_{1-r_i}) \text{ 的一个基}.$$

8.3　模糊拟阵的超平面

拟阵的超平面与拟阵的闭集、圈、秩函数等有着紧密的联系, 是拟阵理论中不可或缺的一部分. 模糊拟阵的超平面可以从拟阵的超平面推广

而来, 但是, 并不是所有的模糊拟阵都具有模糊超平面. 下面讨论了模糊超平面所具有的一些特殊性质. 然后利用这些性质研究了闭正规模糊拟阵模糊超平面存在的充要条件. 最后给出闭模糊拟阵的又一个等价描述模糊拟阵的模糊超平面公理.

8.3.1 超平面的基本概念

下面首先考虑在初等模糊集上定义的模糊拟阵.

定义 8.3.1 在初等模糊集上, 如果模糊集系统 $M = (E, \Psi)$ 满足下列性质:

$(\Psi 1^0)$ 若 $\mu \in \Psi, \nu \in F(E), R^+(\mu) = R^+(\nu) = \{r\}$, 且 $\nu < \mu$, 则 $\nu \in \Psi$.

$(\Psi 2^0)$ 若 $\mu, \nu \in \Psi, R^+(\mu) = R^+(\nu) = \{r\}$, 且 $|\mu| < |\nu|$, 则存在 $\omega \in \Psi$, 使得

$$R^+(\omega) = \{r\}, \quad \mu < \omega \leqslant \mu \vee \nu.$$

$(\Psi 3^0)$ 模糊集 $\mu \in \Psi$ 当且仅当 $\mu \in F(E)$, 且对任意的 $r \in (0, 1]$, 都有 $\mu_r \in \Psi$. 其中 μ_r 定义为

$$\mu_r(x) = \begin{cases} r, & x \in C_r(\mu), \\ 0, & \text{其他}. \end{cases}$$

则称模糊集系统 $M = (E, \Psi)$ 是 E 上的模糊拟阵, Ψ 是模糊拟阵 M 的独立模糊集族.

接下来给出拟阵的超平面的概念及性质.

定义 8.3.2 设 $\mathrm{M} = (E, \mathrm{I})$ 是有限集 E 上的一个拟阵, $H \subset E$ 是 M 的闭集, 且不存在 $H' \subset E$ 是 M 的闭集, 使得 $H \subset H'$, 则称 H 为 M 的一个超平面.

另外, 从拟阵秩函数的角度, 可得到超平面一个等价定义.

定义 8.3.3 设 $\mathrm{M} = (E, \mathrm{I})$ 是有限集 E 上的一个拟阵, $H \subset E$ 是 M 的闭集, 如果 $\rho(H) = \rho(\mathrm{M}) - 1$, 则称 H 为 M 的一个超平面, 即拟阵的超平面是它的极大真闭子集.

定理 8.3.1 设 $\mathrm{M} = (E, \mathrm{I})$ 是关于有限集 E 上的一个拟阵, R 为其秩函数, σ 为其闭包算子, $H \subset E$. 则下面的说法等价:

(1) H 是 M 的一个超平面;

(2) $\sigma(H) \neq E, \sigma(H \cup \{x\}) = E,$ 其中 $x \in E \backslash H$;

(3) 对 M 的任意基 B, B 不包含于 H, 但 $x \in E \backslash H$, 则存在一个基 $B' \subseteq H \cup \{x\}$;

(4) H 是 E 的不是支撑集的极大子集;

(5) H 的秩是 $R(E) - 1$ 且它是秩为 $R(E) - 1$ 的 M 的极大子集.

定理 8.3.2　若 X, Y 是拟阵 M $= (E, \mathrm{I})$ 的闭集, $Y \subseteq X$ 且 $R(Y) = R(X) - 1$, 则存在 M 的超平面 H, 使得

$$Y = X \cap H.$$

定理 8.3.3　设 X 是拟阵 M $= (E, \mathrm{I})$ 的一个闭集, $R(X) = t$, 则存在不同的超平面 $H_i, 1 \leqslant i \leqslant R(\mathrm{M}) - t$, 使得

$$X = \bigcap_{i=1}^{R(\mathrm{M})-t} H_i.$$

定理 8.3.4　$H \subset E$ 是拟阵 M $= (E, \mathrm{I})$ 一个的超平面当且仅当 $E \backslash H$ 是 M 的一个反圈.

定理 8.3.5 (超平面公理)　设 E 是有限集, E 的子集族 **H** 是 E 上的某拟阵的超平面集当且仅当下列条件成立:

(H1) 若 $H_1, H_2 \in \mathbf{H}$, 且 $H_1 \subseteq H_2, H_1 \neq H_2$, 则 $H_1 \subset H_2$;

(H2) 若 $H_1, H_2 \in \mathbf{H}$, 且 $x \in H_1 \cap H_2$, 则存在 H_3, 使得

$$H_3 \supseteq (H_1 \cap H_2) \cup \{x\}.$$

类似于拟阵超平面的概念, 我们可以定义模糊拟阵的超平面.

定义 8.3.4　设 $M = (E, \Psi)$ 是有限集 E 上的一个模糊拟阵, $\mu \in F(E)$ 称为 M 的一个模糊超平面, 如果 μ 满足

(1) μ 为闭集且 $\mathrm{supp}\mu \subset E$;

(2) 若 ν 为闭集, $\mathrm{supp}\mu \subset E$, 且 $\nu \leqslant \mu$, 则 $\nu = \mu$.

8.3.2 模糊拟阵超平面的性质

由模糊拟阵超平面的定义知, 模糊拟阵的超平面是 E 上的极大真闭模糊集. 关于模糊超平面, 我们得到如下结论.

定理 8.3.6 设 H 是模糊拟阵 $M = (E, \Psi)$ 的模糊超平面, σ 是 M 的闭包算子, 则 $\mathrm{supp}\,(\sigma\,(H)) \subset E$, 但 $\forall e \in E \backslash \mathrm{supp} H, \forall \lambda \in (0,1]$, 使得

$$\mathrm{supp}\,\left(\sigma\,\left(H \vee s_e^\lambda\right)\right) = E.$$

证明 显然, $\mathrm{supp}\,(\sigma\,(H)) \subset E$. 若存在 $e \in E \backslash \mathrm{supp} H$, 存在 $\lambda \in (0,1]$, 使得

$$\mathrm{supp}\,\left(\sigma\,\left(H \vee s_e^\lambda\right)\right) \subset E.$$

令 $\nu = \sigma\,\left(H \vee s_e^\lambda\right)$, 则 ν 是闭集, 且 $H < \nu$. 这与 H 是超平面矛盾. 所以结论成立.

定理 8.3.7 设 $M = (E, \Psi)$ 是一个闭正规模糊拟阵, $0 = r_0 < r_1 < \cdots < r_n \leqslant 1$ 为 M 的基本序列, H 是 M 的模糊超平面. 则 $\mathrm{supp} H$ 是 $\mathrm{M}_1 = (E, \mathrm{I}_{r_1})$ 的超平面.

引理 8.3.1 设 $M = (E, \Psi)$ 是一个闭正规模糊拟阵, σ_1 是 $\mathrm{M}_1 = (E, \mathrm{I}_{r_1})$ (I_r 如定理 3.1.1 中所述) 的闭包算子, 则对任意的 $\mu \in F\,(E)$, 有

$$\sigma_1\,(\mathrm{supp}\mu) = \mathrm{supp}\,(\sigma\,(\mu)).$$

定理 8.3.7 的证明 设 σ_1 是 $\mathrm{M}_1 = (E, \mathrm{I}_{r_1})$ 的闭包算子, 则

$$\mathrm{supp} H = \mathrm{supp}\,(\sigma\,(H)) = \sigma_1\,(\mathrm{supp} H),$$

所以, $\mathrm{supp} H$ 是闭集, 且 $\mathrm{supp} H \subset E$.

由定理 8.3.6 知, 对 $\forall x \in E \backslash \mathrm{supp} H$, 存在 $\lambda \in (0,1]$, 使得

$$E = \mathrm{supp}(\sigma(H \vee s_x^\lambda)) = \sigma_1\,\left(\mathrm{supp}(H \vee s_x^\lambda)\right) = \sigma_1\,(\mathrm{supp} H \cup \{x\})\,.$$

从而, $\mathrm{supp} H$ 是 M_1 的超平面.

定理 8.3.8 设 $M = (E, \Psi)$ 是有限集 E 上的一个闭正规模糊拟阵, H 是 M 的一个模糊超平面, 则

$$H = \omega\,(\mathrm{supp} H, 1)\,.$$

证明 令 $\mu = \omega(\operatorname{supp}H, 1)$. 显然, 有

$$H \leqslant \mu,$$
$$\operatorname{supp}\mu = \operatorname{supp}H \subset E.$$

若 μ 为闭集, 则由模糊超平面的定义知 $H = \mu$.

现证 μ 为闭集. 若不然, 则存在 $e \in E \backslash \operatorname{supp}\mu = E \backslash \operatorname{supp}H$, 存在 $\lambda \in (0, 1]$, 使得

$$\rho\left(\mu \vee s_e^\lambda\right) = \rho(\mu),$$

而 $H \vee s_e^\lambda \leqslant \mu \vee s_e^\lambda$.

设 M 的基本序列为 $0 = r_0 < r_1 < \cdots < r_n \leqslant 1$, σ_1 为 M 的生成拟阵 $M_1 = (E, I_{r_1})$ 的闭包算子, 则

$$\begin{aligned}
E &= \sigma_1\left(\operatorname{supp}\left(H \vee s_e^\lambda\right)\right) \\
&\subseteq \sigma_1\left(\operatorname{supp}(\mu \vee s_e^\lambda)\right) \\
&= \operatorname{supp}\left(\sigma\left(\mu \vee s_e^\lambda\right)\right) = \operatorname{supp}\left(\sigma(\mu)\right) \\
&= \sigma_1\left(\operatorname{supp}\mu\right) = \sigma_1\left(\operatorname{supp}H\right) \\
&= \operatorname{supp}H = E.
\end{aligned}$$

矛盾. 所以 μ 为闭集, 从而

$$H = \mu = \omega(\operatorname{supp}H, 1),$$

所以, 结论成立.

定理 8.3.9 设 $M = (E, \Psi)$ 是一个闭正规模糊拟阵, $H \in F(E)$ 是 M 的模糊超平面当且仅当 $R^+(H) = \{1\}$, 且对 M 的任一模糊基 B, 有 $B \nleqslant H$.

但若 $e \in E \backslash \operatorname{supp}H$, 则存在 M 的基 B, 存在 $\lambda \in (0, 1]$, 使得

$$B \leqslant H \vee s_e^\lambda.$$

先证明如下引理.

引理 8.3.2 设 B 是闭正规模糊拟阵 M 的模糊基, σ 是 M 的模糊闭包算子, 则

$$\operatorname{supp}(\sigma(B)) = E.$$

证明 若 $\operatorname{supp}(\sigma(B)) \subset E$, 则 $\forall e \in E \backslash \operatorname{supp}(\sigma(B))$, 存在 $\lambda \in (0,1]$, 使得

$$\rho\left(B \vee s_e^{\lambda}\right) = \rho(B) + \lambda = |B \vee s_e^{\lambda}|,$$

即 $B \vee s_e^{\lambda} \in \Psi$.

显然, $B < B \vee s_e^{\lambda}$. 这与 B 的极大性矛盾. 所以引理成立.

定理 8.3.9 的证明 $\Longrightarrow$ 显然, $R^+(H) = \{1\}$. 若存在 M 的基 B, 使得

$$B \leqslant H,$$

则

$$\operatorname{supp}(\sigma(B)) \subset \operatorname{supp}(\sigma(H)) = \operatorname{supp} H.$$

由引理知 $\operatorname{supp}(\sigma(B)) = E$. 所以, $\operatorname{supp} H = E$. 这与 H 为模糊超平面矛盾. 故 $B \not\leqslant H$.

下证必要条件的第二部分. 取 $\mu \in \psi$, $\mu \leqslant H$, 使得

$$\rho(H) = \rho(\mu) = \mu.$$

对任意 $e \in E \backslash \operatorname{supp} H$, 存在 $\lambda \in (0,1]$, $\lambda' \in (0,1]$, 使得

$$\rho\left(\mu \vee s_e^{\lambda}\right) = \rho(\mu) + \lambda,$$
$$\rho\left(\mu \vee s_e^{\lambda'}\right) = \rho(\mu) + \lambda' = |\mu| + \lambda' = |\mu \vee s_e^{\lambda'}|,$$

所以, $\mu \vee s_e^{\lambda'} \in \Psi$.

令 $\lambda'' = \min\{\lambda, \lambda'\}$, 则

$$\mu \vee s_e^{\lambda''} \in \Psi.$$

若 $\mu \vee s_e^{\lambda''}$ 是 M 的基, 令 $B = \mu \vee s_e^{\lambda''}$, 则

$$B \leqslant H \vee s_e^{\lambda''}.$$

所以, 必要性成立.

若 $\mu \vee s_e^{\lambda''}$ 不是 M 的基, 则由模糊闭拟阵的性质知, 存在 M 的基 B, 使得

$$\mu \vee s_e^{\lambda''} \leqslant B.$$

从而

$$\mu \leqslant B\backslash\backslash_e,$$
$$\sigma(\mu) \leqslant \sigma(B\backslash\backslash_e),$$

即 $H \leqslant \sigma(B\backslash\backslash_e)$. 而 $\sigma(B\backslash\backslash_e)$ 为闭集, 且 $\mathrm{supp}\,(\sigma(B\backslash\backslash_e)) \subset E$, 所以

$$H = \sigma(B\backslash\backslash_e).$$

因此, $B\backslash\backslash_e \leqslant H$, 从而存在 $\lambda_1 \in (0,1]$, 使得

$$B \leqslant H \vee s_e^{\lambda_1}.$$

所以, 必要性成立.

$\Longleftarrow$　首先, $\mathrm{supp}\,H \subset E$. 否则, 由 $R^+(H) = \{1\}$ 知, $H = \mathrm{I}$. 从而对 M 的任意模糊基 B, 都有

$$B \leqslant H, \quad 矛盾,$$

即 $\mathrm{supp}\,H \subset E$.

再证 H 为闭集. 若不然, 则存在 $e \in E\backslash\mathrm{suup}H$, 存在 $\lambda, \lambda' \in (0,1]$, 存在 M 的模糊基 B_1, 使得

$$B_1 \leqslant H \vee s_e^{\lambda},$$

$$\rho\left(H \vee s_e^{\lambda_1}\right) = \rho(H).$$

一方面

$$\begin{aligned}
E &= \mathrm{supp}\,(\sigma(B_1)) = \sigma_1(\mathrm{supp}\,(B_1)) \\
&\subseteq \sigma_1\left(\mathrm{supp}\left(H \vee s_e^{\lambda_1}\right)\right) \\
&= \sigma_1(\mathrm{supp}H \cup \{e\}) \subseteq E,
\end{aligned}$$

即 $\sigma_1(\mathrm{supp}H \cup \{e\}) = E$.

另一方面, 由 $\rho\left(H \vee s_e^{\lambda_1}\right) = \rho(H)$ 知

$$\sigma\left(H \vee s_e^{\lambda_1}\right) = \sigma(H),$$

于是

$$\sigma_1\left(\mathrm{supp}\left(H \vee s_e^{\lambda_1}\right)\right) = \sigma_1(\mathrm{supp}H) \subset E, \quad 矛盾.$$

所以, H 为闭集.

再证 H 满足定义 8.3.4 的 (2). 若不然, 则存在模糊闭集 μ, 使得

$$\mathrm{supp}\mu \subset E \quad 且 \quad H < \mu.$$

又由 $R^+(H) = \{1\}$ 知, $\mathrm{supp}H \subset \mathrm{supp}\mu$. 所以, 存在 $e \in \mathrm{supp}\mu \backslash \mathrm{supp}H$, $\lambda \in (0,1]$, 使得

$$H \vee s_e^{\lambda} \leqslant \mu,$$
$$\mathrm{supp}\left(\sigma(H \vee s_e^{\lambda})\right) = E.$$

而

$$\mathrm{supp}\left(\sigma(H \vee s_e^{\lambda})\right) \subseteq \mathrm{supp}(\sigma(\mu)) = \mathrm{supp}\mu \subseteq E.$$

故 $\mathrm{supp}\mu = E$. 矛盾. 所以满足定义 8.3.4 的 (2).

综上所述, H 是 M 的模糊超平面.

定理 8.3.10 设 $M = (E, \Psi)$ 是一个闭正规模糊拟阵, H 是 M 的模糊超平面 $\Longleftrightarrow H$ 是 E 上的不是模糊支撑集的极大元.

上述定理也可以叙述为如下定理.

定理 8.3.10′ 设 $M = (E, \Psi)$ 是一个闭正规模糊拟阵, H 是 M 的模糊超平面 $\Longleftrightarrow R^+(H) = \{1\}$ 且存在 M 的基 B 和 $e \in \mathrm{supp}B \backslash \mathrm{supp}H$, 使得

$$H = \sigma(B \backslash\backslash_e).$$

证明 $\Longrightarrow$ 设 H 是 M 的模糊超平面, 显然, $R^+(H) = \{1\}$. 取 $\mu \in \Psi$, 使得

$$\mu \leqslant H,$$
$$\rho(H) = \rho(\mu) = |\mu|.$$

由定理 8.3.9 的证明知, 存在 $e \in E \backslash \mathrm{supp} H, \lambda \in (0, 1]$.

当 $\mu \vee s_e^\lambda$ 不是 M 的模糊基时, 存在 M 的基 B, 使得

$$H = \sigma(B \backslash\backslash_e).$$

当 $B = \mu \vee s_e^\lambda$ 为 M 的模糊基时, 有

$$\mu = B \backslash\backslash_e,$$
$$H = \sigma(\mu) = \sigma(B \backslash\backslash_e).$$

总之, 必要性成立.

$\impliedby$　显然, H 是闭集, 且 $\mathrm{supp} H \subset E$. 假设存在闭集 μ, 使得

$$\mathrm{supp} H \subset E \quad 且 \quad H < \mu,$$

即 $\sigma(B \backslash\backslash_e) < \mu$. 又由 $R^+(H) = \{1\}$ 容易推知

$$\mathrm{supp}\mu = \mathrm{supp}(\sigma(B \backslash\backslash_e)).$$

从而, 任取 $x \in \mathrm{supp}\mu \backslash \mathrm{supp}(\sigma(B \backslash\backslash_e))$, 存在 $\lambda \in (0, 1]$, 使得

$$\sigma(B \backslash\backslash_e) \vee s_x^\lambda \leqslant \mu,$$

$$\sigma\left((B \backslash\backslash_e) \vee s_x^\lambda\right) \leqslant \sigma(\mu) = \mu.$$

而此时有

$$E = \mathrm{supp}(\sigma((B \backslash\backslash_e) \vee s_x^\lambda)) \subseteq \mathrm{supp}\mu \subset E, \quad 矛盾.$$

所以, H 是 M 的模糊超平面.

定理 8.3.11　设 $M = (E, \Psi)$ 是闭正规模糊拟阵, μ, ν 是 M 的闭集, 满足

(1) $\nu \leqslant \mu$, 且 $|\mathrm{supp}\mu| > |\mathrm{supp}\nu|$;

(2) 存在 $e \in \mathrm{supp}\mu \backslash \mathrm{supp}\nu, \lambda \in (0, 1]$ 使得

$$\rho(\mu) = \rho\left(\nu \vee s_e^\lambda\right) = \rho(\nu) + \lambda.$$

(3) 存在 M 的基 B, 对 (2) 中的 s_e^λ, 满足

$$\nu \vee s_e^\lambda \leqslant B \quad \text{且} \quad R^+\left(\sigma\left(B\backslash\backslash_e\right)\right) = \{1\},$$

则存在 M 的模糊超平面 H, 使得

$$\nu = \mu \wedge H.$$

证明 取 $H = \sigma\left(B\backslash\backslash_e\right)$, 则 $R^+(H) = \{1\}$, 由定理 8.3.10′ 知 H 是 M 的一个模糊超平面. 容易证明 H 就是满足定理条件的模糊超平面.

定理 8.3.12 设 $M = (E, \Psi)$ 是闭正规的模糊拟阵, $\mu \in F(E)$, 设 ν 为 μ 的极大模糊独立集, $|\mathrm{supp}\nu| = k$. 设 B 为 M 的模糊基, 且满足以下条件:

(1) $|\mathrm{supp}B| = m$;

(2) $\nu < B$;

(3) $\forall e \in \mathrm{supp}B\backslash\mathrm{supp}\nu$, 都有

$$R^+\left(\sigma\left(B\backslash\backslash_e\right)\right) = \{1\},$$

则 μ 是 M 的一个闭集 $\Leftrightarrow$ 存在不同的超平面 $H_i (1 \leqslant i \leqslant m - k)$, 使得

$$\mu = \bigwedge_{i=1}^{m-k} H_i.$$

证明 $\implies$ 设 $\mathrm{supp}\nu = \{e_1, e_2, \cdots, e_k\}$, $\mathrm{supp}B = \{e_1, e_2, \cdots, e_k, e_{k+1}, e_{k+2}, \cdots, e_m\}$. 取 $\mu_1 = \sigma\left(\nu \vee s_{k+1}^{\lambda_1}\right)$, 其中 $\lambda_1 \in (0, B(e_{k+1})]$, 则 μ_1 为闭集, 且

$$\rho(\mu_1) = \rho(\mu) + \lambda_1.$$

由定理 8.3.10′ 和定理 8.3.11 知, 存在模糊超平面 $H_1 = \sigma\left(B\backslash\backslash_{e_{k+1}}\right)$, 使得

$$\mu = \mu_1 \wedge H_1.$$

用同样的方法, 取 $\mu_2 = \sigma\left(\mu_1 \vee s_{k+2}^{\lambda_2}\right)$, 其中 $\lambda_2 \in (0, B(e_{k+2})]$, 则存在模糊超平面 $H_2 = \sigma\left(B\backslash\backslash_{e_{k+2}}\right)$, 使得

$$\mu_1 = \mu_2 \wedge H_2.$$

按照前面方法继续进行, 可取 $\mu_i = \sigma\left(\mu_{i+1} \vee s_{k+i}^{\lambda_i}\right)$, 其中 $\lambda_i \in (0, B(e_{k+2})]$, 则存在模糊超平面 $H_{i+1} = \sigma\left(B \backslash \backslash_{e_{k+i}}\right)$, 使得

$$\mu_i = \mu_{i+1} \wedge H_{i+1} \quad (1 \leqslant i \leqslant m-k-1).$$

而 $\mu_{m-k} = \sigma(B)$, 所以有

$$\mu = \mu_1 \wedge H_1, \mu_1 = \mu_2 \wedge H_2, \cdots, \mu_i = \mu_{i+1} \wedge H_{i+1}, \cdots, \mu_{m-k} = \sigma(B),$$

从而

$$\mu = \sigma(B) \wedge H_{m-k} \wedge \cdots \wedge H_1 = \wedge\{H_i | 1 \leqslant i \leqslant m-k\}.$$

$\impliedby$　因为 H_i 为模糊超平面, 所以 H_i 为闭集, 则

$$\mu = \bigwedge_{i=1}^{m-k} H_i \text{为模糊闭集}.$$

所以结论成立.

定理 8.3.13　设 H_1, H_2 是闭模糊拟阵 $M = (E, \Psi)$ 的两个不同的模糊超平面, M^* 是 M 的对偶模糊拟阵. 则

$$\varphi(H_1^c) \cap \varphi(H_2^c) \neq \varnothing.$$

证明　根据圈区间 (定义 5.1.2) 定义, 因 M 是闭的, 有

$$\tau(H_1^c) < m(H_1^c), \quad \tau(H_2^c) < m(H_2^c).$$

又因 H_1, H_2 是不同的模糊超平面, 所以, $m(H_1^c) = m(H_2^c) = 1$, 则有

$$1 \in \varphi(H_1^c) \cap \varphi(H_2^c).$$

因此, 结论成立.

定理 8.3.14　设 $M = (E, \Psi)$ 是一闭模糊拟阵, $\mu_1, \mu_2(\mu_1 \neq \mu_2)$ 是 M 的模糊圈, $\varphi(\mu_1)$ 和 $\varphi(\mu_2)$ 分别是 μ_1 和 μ_2 的圈区间. 如果 $R^+(\mu_1) = R^+(\mu_2) = \{r\}, 0 < r \leqslant 1$, 且 $a \in \text{supp}\mu_1 \cap \text{supp}\mu_2, b \in \text{supp}\mu_2 \backslash \text{supp}\mu_1$, 则存在模糊圈 ω, 使得

$$R^+(\omega) = \{r\},$$

$$\omega \leqslant (\mu_1 \vee \mu_2)\backslash\backslash_a,$$

其中 $b \in \operatorname{supp}\omega$.

证明 显然, $r \in \varphi(\mu_1) \cap \varphi(\mu_2)$ 且对 $i = 1, 2$, 有 $C_r(\mu_i) = \operatorname{supp}\mu_i$, 由圈区间的定义可得:

(1) 对 $i = 1, 2$, $\operatorname{supp}\mu_i$ 是拟阵 $M_r = (E, I_r)$ 的圈.

(2) 存在拟阵 M_r 的一个圈 C, 使得

$$b \in C \subseteq (\operatorname{supp}\mu_1 \cup \operatorname{supp}\mu_2)\backslash_a.$$

设 ω 为初等模糊集, 定义 $\operatorname{supp}\omega = C$ 且 $R^+(\omega) = \{r\}$. 由模糊圈的性质可得, ω 是 M 的模糊圈. 而且, 由于 $r = \min\{m(\mu_1), m(\mu_2)\}$, $C \subseteq (\operatorname{supp}\mu_1 \cup \operatorname{supp}\mu_2)\backslash_a$, 因此

$$\omega \leqslant (\mu_1 \vee \mu_2)\backslash\backslash_a,$$

其中 $b \in \operatorname{supp}\omega$.

8.3.3 闭模糊拟阵的超平面公理

现在讨论模糊拟阵的超平面公理. 首先来看一个模糊拟阵的超平面的充要条件.

定理 8.3.15 设 $M = (E, \Psi)$ 是闭正规的模糊拟阵, $H \in F(E)$ 是 M 的模糊超平面 $\Leftrightarrow H$ 满足

(1) $R^+(H) = \{1\}$.

(2) H^c 是 M 的反圈.

证明 $\Rightarrow$ 由定理 8.3.8 知, 若 H 是 M 的模糊超平面, 则

$$H = \omega(\operatorname{supp}H, 1),$$

从而

$$R^+(H) = \{1\},$$

$$H^c = \omega(E\backslash\operatorname{supp}H, 1).$$

由定理 8.3.9 知, $\forall e \in E\backslash\operatorname{supp}H$, 存在 M 的基 B, 使得

$$B \leqslant H \vee s_e^1,$$

从而

$$(H \vee s_e^1)^c \leqslant 1 - B = B^*,$$

于是 B^* 为 M 的模糊反基. 故 $(H \vee s_e^1)^c \in \Psi^*$. 而

$$(H \vee s_e^1)^c = H^c \backslash\backslash_e = \omega(E \backslash \mathrm{supp} H, 1) \backslash\backslash_e,$$

所以, 由 $e \in E \backslash \mathrm{supp} H$ 的任意性知

> 要么 $H^c \in \Psi^*$,　要么 H^c 为 M 的模糊反圈.

现证 $H^c \notin \Psi^*$. 若不然, 即 $1 - H^c \in \Psi^*$. 从而存在 M^* 的模糊基 B^*, 使得

$$1 - H \leqslant B^*,$$

即存在 M 的模糊基 B, 使得

$$B = 1 - B^* \leqslant H.$$

这与定理 8.3.9 矛盾. 定理的必要性得证.

$\Longleftarrow$　设 $R^+(H) = \{1\}$, H^c 为 M 的模糊反圈, 则对 $\forall e \in \mathrm{supp} H^c = E \backslash \mathrm{supp} H$, 有

$$H^c \backslash\backslash_e \in \Psi^*,$$

从而存在 M 的模糊反基 B^*, 存在 $\lambda \in (0, 1]$, 使得

$$H^c \backslash\backslash_e \leqslant B^*, \quad B = 1 - B^* \leqslant (H^c \backslash\backslash_e)^c = H \vee s_e^\lambda.$$

又因为 H^c 是 M 的模糊反圈, $H^c \notin \Psi^*$, 所以对 M 的任意模糊反基 B^*, 有

$$H^c > B^*.$$

从而

$$B = 1 - B^* > H,$$

即对任意的模糊基 B, 都有

$$B > H.$$

由定理 8.3.8 知, H 是 M 的模糊超平面.

下面讨论多个模糊超平面之间的关系.

定理 8.3.16 设 H_1, H_2 是闭模糊拟阵 $M = (E, \Psi)$ 的两个不同的模糊超平面, 且 $a \in \operatorname{supp}(H_1)^c \cap \operatorname{supp}(H_2)^c$, $b \in \operatorname{supp}(H_2)^c \backslash \operatorname{supp}(H_1)^c$, 则存在 M 的模糊超平面 H_3, 使得

$$(H_3)^c \leqslant ((H_1)^c \vee (H_2)^c) \backslash\backslash_a, \quad b \in \operatorname{supp}(H_3)^c.$$

证明 设 M^* 是 M 的对偶拟阵, 由 M 是闭的知, M^* 也是闭的. 于是, 由定理 8.3.15 知

$$R^+ \left((H_1)^c \right) = R^+ \left((H_2)^c \right) = \{1\},$$

且 $(H_1)^c$ 和 $(H_2)^c$ 都是 M^* 的圈. 又由定理 8.3.14 可知, 存在 M^* 的圈 C, 使得

$$C \leqslant ((H_1)^c \vee (H_2)^c) \backslash\backslash_a, \quad b \in \operatorname{supp} C,$$

其中 $a \in \operatorname{supp}(H_1)^c \cap \operatorname{supp}(H_2)^c, b \in \operatorname{supp}(H_2)^c \backslash \operatorname{supp}(H_1)^c$. 故取 $(H_3)^c = C$ 即可.

定理 8.3.17 (模糊超平面公理) 设 E 是有限集, $\boldsymbol{H} \subseteq F(E)$ 是 E 上的非空模糊集族, $\boldsymbol{H}$ 是闭模糊拟阵的模糊超平面集当且仅当下列条件成立:

(N1^0) 对任意的 $H \in \boldsymbol{H}, R^+(H) = \{1\}$;

(N2^0) 若 $H_1, H_2 \in \boldsymbol{H}, H_1 \neq H_2, a \in \operatorname{supp}(H_1)^c \cap \operatorname{supp}(H_2)^c, b \in \operatorname{supp}(H_2)^c \backslash \operatorname{supp}(H_1)^c$, 则存在 $H_3 \in \boldsymbol{H}$, 使得

$$(H_3)^c \leqslant ((H_1)^c \vee (H_2)^c) \backslash\backslash_a \quad \text{且} \quad b \in \operatorname{supp}(H_3)^c.$$

证明 $\Longrightarrow$ 设 $\boldsymbol{H}$ 是闭模糊拟阵 M 的模糊超平面集. 由定理 8.3.15 和定理 8.3.16 可知 (N1^0) 和 (N2^0) 成立.

$\Longleftarrow$ 假设 $\boldsymbol{H} \subseteq F(E)$ 且 $\boldsymbol{H}$ 满足 (N1^0), (N2^0). 令

$$\Psi^* = \{\mu | H^c \not< \mu \text{ 且 } H^c \neq \mu, \text{任意} H \in \boldsymbol{H}\}.$$

下面证明模糊集系统 $M^* = (E, \Psi^*)$ 满足定义 8.3.1 的条件 $(\Psi1^0)$—$(\Psi3^0)$, 即 $M^* = (E, \Psi^*)$ 是关于 E 的一个模糊拟阵.

若 $\mu \in \Psi^*, \nu \in F(E), R^+(\mu) = R^+(\nu) = \{r\}$, 且 $\nu < \mu$, 则由于对任意的 $H \in \boldsymbol{H}$, 有

$$H^c \not< \mu, \quad 且 \quad H^c \neq \mu,$$

因此对任意的 $H \in \boldsymbol{H}$, 有

$$H^c \not< \nu, \quad 且 \quad H^c \neq \nu,$$

即 $\nu \in \Psi^*$. 所以 $(\Psi1^0)$ 成立.

设 $\mu, \nu \in \Psi^*, R^+(\mu) = R^+(\nu) = \{r\}$, 且 $|\mu| < |\nu|$, 则对任意的 $H \in \boldsymbol{H}$, 有

$$H^c \not< \mu, \quad 且 \quad H^c \neq \mu,$$
$$H^c \not< \nu, \quad 且 \quad H^c \neq \nu,$$

因此有

$$|\mathrm{supp}\mu| < |\mathrm{supp}\nu|.$$

接下来将用归纳法证明: 存在 $y \in \mathrm{supp}\nu \backslash \mathrm{supp}\mu$, 使得

$$\mu \vee s_y^r \in \Psi^*.$$

(1) 当 $|\mathrm{supp}\mu \backslash \mathrm{supp}\nu| = 0$, 即 $\mathrm{supp}\mu \subseteq \mathrm{supp}\nu$ 时, 因为 $|\mathrm{supp}\mu| < |\mathrm{supp}\nu|$, 所以存在 $y \in \mathrm{supp}\nu \backslash \mathrm{supp}\mu$, 使得

$$\mathrm{supp}\mu \cup \{y\} \subseteq \mathrm{supp}\nu,$$

显然, $\mu \vee s_y^r \in \Psi^*$.

(2) 假设当 $|\mathrm{supp}\mu \backslash \mathrm{supp}\nu| < k \, (k \in Z^+), \mu \vee s_y^r \in \Psi^*$ 总是成立的.

下面证明当 $|\mathrm{supp}\mu \backslash \mathrm{supp}\nu| = k$ 时, $\mu \vee s_y^r \in \Psi^*$ 也成立.

注意到 $|\mathrm{supp}\mu \backslash \mathrm{supp}\nu| \neq 0$. 设 $x \in \mathrm{supp}\mu \backslash \mathrm{supp}\nu$, 则

(a) 若 $\nu \vee s_x^r \in \Psi^*$, 设 $\nu^* = \nu \vee s_x^r$, 则 $|\mathrm{supp}\mu \backslash \mathrm{supp}\nu^*| < k$.

由假设知, 存在 $y \in \mathrm{supp}\nu^* \backslash \mathrm{supp}\mu$, 使得

$$\mu \vee s_y^r \in \Psi^*.$$

因为 $y \neq x$, 所以

$$y \in \mathrm{supp}\nu \backslash \mathrm{supp}\mu.$$

(b) 若 $\nu \vee s_x^r \notin \Psi^*$, 则存在 $H \in \boldsymbol{H}$, 使得

$$H^c \leqslant \nu \vee s_x^r,$$

$$x \in \mathrm{supp}H.$$

因为 $R^+(H^c) = \{1\}$, $R^+(\nu \vee s_x^r) = \{1\}$. 由 $\mu \in \Psi^*$ 知

$$\mathrm{supp}H \backslash \mathrm{supp}\mu \neq \varnothing.$$

设 $x_1 \in \mathrm{supp}H \backslash \mathrm{supp}\mu$, 令 $\nu_1 = (\nu \vee s_x^r) \backslash\backslash_{x_1}$. 根据 (N2^0) 可得, 存在唯一的 $H \in \boldsymbol{H}$, 使得

$$H^c \leqslant \nu \vee s_x^r.$$

否则, 假设存在 $H_1, H_2 \in \boldsymbol{H}$, 且 $H_1 \neq H_2$, 使得

$$H_1^c \leqslant \nu \vee s_x^r,$$

$$H_2^c \leqslant \nu \vee s_x^r.$$

注意到 $x \in \mathrm{supp}H_1^c \cap \mathrm{supp}H_2^c$, 于是由 (N2^0) 知, 存在 $H_3 \in \boldsymbol{H}$, 使得

$$H_3^c \leqslant (H_1^c \cap H_2^c) \backslash\backslash_x,$$

这表明 $H_3^c \leqslant \nu$. 但这与假设矛盾. 所以, 对任意的 $H \in \boldsymbol{H}$, 有

$$H^c \not\leqslant \nu_1, \quad \text{且} \quad H^c \neq \nu_1,$$

因此, $\nu_1 \in \Psi^*$ 成立.

注意到 $|\mathrm{supp}\mu \backslash \mathrm{supp}\nu_1| < k$ 且 $|\nu_1| = |\nu| > |\mu|$. 根据假设, 存在 $y \in \mathrm{supp}\nu_1 \backslash \mathrm{supp}\mu$, 使得

$$\mu \vee s_y^r \in \Psi^*.$$

这表明 $y \in \mathrm{supp}\nu \backslash \mathrm{supp}\mu$.

设 $\xi = \mu \vee s_y^r$. 由 (1) 和 (2) 知, (Ψ2^0) 也成立.

接下来, 设 $\mu \in \Psi^*$, 即对任意的 $H \in \boldsymbol{H}$, 都有

$$H^c \not\leqslant \mu, \quad \text{且} \quad H^c \neq \mu,$$

由于 $\mu_r \leqslant \mu$, 因此对任意的 $0 < r \leqslant 1$, 任意 $H \in \boldsymbol{H}$, 有

$$H^c \geqslant \mu_r, \quad H^c \neq \mu_r.$$

另一方面, 由假设, 对任意的 $r(0 < r \leqslant 1)$, 有

$$\mu_r \in \Psi^*,$$

而存在 $H \in \boldsymbol{H}$, 使得

$$H^c \leqslant \mu.$$

由 $R^*(H^c) = \{1\}$ 可得

(1) $\mu(x) = 1, x \in \operatorname{supp} H^c$;

(2) $\operatorname{supp} H^c \subseteq \operatorname{supp} \mu_1$;

(3) $H^c \leqslant \mu_1$,

即 $\mu_1 \notin \Psi^*$, 这与假设矛盾. 因此, ($\Psi 3^0$) 成立.

因而, $M^* = (E, \Psi^*)$ 是关于 E 的模糊拟阵. 设 M_1^* 是 M^* 的闭包, 则 M_1^* 是包含 M 的闭模糊拟阵. 设 M 是 M_1^* 的对偶拟阵, 则 M 是闭模糊拟阵且 H 是 M 的模糊超平面集. 定理证毕.

第9章 模糊拟阵的结构

本章主要介绍了模糊拟阵的和、积以及模糊拟阵的树形结构表示, 讨论了它们的性质.

9.1 模糊拟阵的和与积

9.1.1 模糊拟阵的和

定理 9.1.1 如果 $M = (E, I)$ 和 $N = (E, J)$ 都是拟阵, 并且令

$$I + J = \{A \cup B | A \in I, B \in J\},$$

那么 $M + N = (E, I + J)$ 是拟阵, 称为拟阵 M 和 N 的和.

如果 $I \cap J = \varnothing$, 则称 $M + N$ 为 M 和 N 的直和, 记为 $M \oplus N$.

两个拟阵的直和有以下性质.

性质 9.1.1 如果 M 和 N 是集合 E 上的拟阵, 那么 $R(M) \leqslant R(M + N)$, 其中 R 表示拟阵的秩函数.

性质 9.1.2 设 $M = (E, I)$ 和 $N = (E, J)$ 是拟阵, 其中 R 表示拟阵的秩函数. 并且

$$R(N) \leqslant R(M) = R(M + N).$$

那么

(1) 如果 A 是 N 的一个基, B 是 M 的一个基, 那么有 $A \subseteq B$;

(2) $M = M + N$.

性质 9.1.3 设 $M = (E, I)$ 和 $N = (E, J)$ 是拟阵. 那么 $M + N$ 的每一个基都能够表示成 $A \cup B$, 其中 A 是 M 的一个基, B 是 N 的一个基.

证明 令 D 是 $M + N$ 的一个基. 那么

$$D = C_1 \cup C_2, \quad 其中 \quad C_1 \in I, \quad C_2 \in J.$$

设 B_1, B_2 分别为 M 和 N 的基, 且满足

$$C_1 \subseteq B_1, \quad C_2 \subseteq B_2.$$

那么

$$D \subseteq B_1 \cup B_2 \in \mathrm{I} + \mathrm{J}.$$

由于 D 是 M + N 的一个基, 所以

$$D = B_1 \cup B_2.$$

由性质 9.1.3 容易得到如下性质.

性质 9.1.4 设 M $= (E, \mathrm{I})$ 和 N $= (E, \mathrm{J})$ 是两个拟阵, 并且令 A 是 M + N 的一个基, 那么 A 可以表示成

$$A = B \cup (A \setminus B),$$

其中 B 是 M 的基, 且 $A \setminus B \in \mathrm{J}$.

定义 9.1.1 设 $M_1 = (E, \Psi_1)$, $M_2 = (E, \Psi_2)$ 为两个模糊拟阵, 记 M_1 和 M_2 的 r-水平拟阵分别为 M_r^1, $\mathrm{M}_r^1\,(0 < r \leqslant 1)$, 记 $\mathrm{M}_r = \mathrm{M}_r^1 + \mathrm{M}_r^1$. 设 M_r 是 M 的 r-水平拟阵, 则称 M 是模糊拟阵 M_1 与 M_2 的和, 记为 $M_1 + M_2$, 则 M 是一个模糊拟阵.

定理 9.1.2 设 E 是有限集, 则拟阵列 $\{\mathrm{M}_r = (E, \mathrm{I}_r), r \in (0, 1]\}$ 满足 $\forall s, t \in (0, 1], s \leqslant t$, 都有 $\mathrm{M}_s \supseteq \mathrm{M}_t$ 的充要条件为存在模糊拟阵 $M = (E, \Psi)$, 使得

$$\Psi = \{\mu \in F(E) \,|\, \text{对任意的 } r \in (0, 1], \text{ 都有 } C_r(\mu) \in \mathrm{I}_r\}.$$

证明 $\implies$ (1) 任取 $\mu \in \Psi$, 若存在 $\nu \in F(E)$, 使得

$$v \leqslant \mu,$$

则对 $\forall r \in (0, 1]$, 都有

$$C_r(\nu) \subseteq C_r(\mu) \in \mathrm{I}_r,$$

故 $\nu \in \Psi$.

(2) 任取 $\mu, \nu \in \Psi$, 若 $|\mathrm{supp}\mu| < |\mathrm{supp}\nu|$, 取 $\lambda = \min\{m(\mu), m(\nu)\}$, 则由 $C_\lambda(\mu) = \mathrm{supp}\mu \in \mathrm{I}_r, C_\lambda(\nu) = \mathrm{supp}\nu \in \mathrm{I}_r$ 以及 $\mathrm{M}_\lambda = (E, \mathrm{I}_\lambda)$ 为拟阵知, 必存在 $W \subseteq E$, 使得

$$W \in \mathrm{I}_\lambda,$$

$$\mathrm{supp}\mu \subset W \subseteq \mathrm{supp}\mu \cup \mathrm{supp}\nu.$$

构造模糊集 $\omega \in F(E)$, 使得

$$\omega(x) = \begin{cases} \mu(x), & x \in \mathrm{supp}\mu, \\ \lambda, & x \in W \backslash \mathrm{supp}\mu, \\ 0, & x \in E \backslash W, \end{cases}$$

则对 $\forall r \in (0, 1]$, 当 $r \leqslant \lambda$ 时, 有

$$C_r(\omega) = W \in \mathrm{I}_\lambda.$$

当 $r > \lambda$ 时, 有

$$C_r(\omega) = C_r(\mu) \in \mathrm{I}_r.$$

所以

$$\omega \in \Psi \quad 且 \quad \mu < \omega \leqslant \mu \vee \nu.$$

故 $M = (E, \Psi)$ 为模糊拟阵.

$\Longleftarrow$ 任取 $r \in (0, 1]$, $\mathrm{I}_r = \{C_r(\mu) | \mu \in \Psi\}$.

若 $s, t \in (0, 1]$ 且 $s < t$, 由于 $\{\mathrm{M}_r = (E, \mathrm{I}_r)\}$ 是 E 上的拟阵, 则对 $\forall X \in \mathrm{I}_t$, 都有 $\mu \in \Psi$, 使得

$$C_t(\mu) = X.$$

显然 $C_t(\mu) \subseteq C_s(\mu) \in \mathrm{I}_s$. 因此, 由 (E, I_s) 是拟阵知

$$X \in \mathrm{I}_s,$$

即 $\mathrm{I}_t \subseteq \mathrm{I}_s$. 所以 $\mathrm{M}_r = (E, \mathrm{I}_r)$, $r \in (0, 1]$, 即为所求.

因为模糊和拟阵与生成集之间有着密切的关系, 所以, 现在给出模糊拟阵的生成集的概念.

定义 9.1.2   设 $M = (E, \Psi)$ 为模糊拟阵, $\{\mathrm{M}_r | 0 < r \leqslant 1\}$ 是 M 的 r-水平的拟阵, Ψ' 为 E 上的模糊集族. 如果对任意的 $0 < r \leqslant 1$, 都有

$$\{C_r(\mu) \,|\, \mu \in \Psi'\} = \mathrm{M}_r,$$

则称 Ψ' 为 M 的生成集.

容易得出下面结论.

定理 9.1.3   如果 Ψ' 为模糊拟阵 M 的生成集, 则 M 为包含 (E, Ψ') 的极小模糊拟阵.

由生成集和模糊拟阵的定义, 容易得到以下定理.

定理 9.1.4   设 $M_1 = (E, \Psi_1)$, $M_2 = (E, \Psi_2)$ 为两个模糊拟阵, 令

$$\Psi' = \{\mu | \mu = \mu_1 \vee \mu_2, \mu_1 \in \Psi_1, \mu_2 \in \Psi_2\},$$

则 Ψ' 为 $M_1 + M_2$ 的生成集.

注   在定理 9.1.3 和定理 9.1.4 的条件下, 如果令 $M_1 \vee M_2 = (E, \Psi')$, 则

$$M_1 \vee M_2 \neq M_1 + M_2.$$

特别地, $M_1 \vee M_2$ 可能不是一个模糊拟阵.

例 9.1.1   假设 $E = \{a, b, c, d\}$, $M_1 = (E, \Psi_1)$ 是闭模糊拟阵, 其基本序列为 $r_1 = \dfrac{1}{2}, r_2 = 1$. 进一步假设 r-水平拟阵的基集分别为

$$B^1_{1/2} = \{\{c, d\}, \{a, d\}\}, \quad B^1_1 = \{\{a\}, \{c\}, \{d\}\}.$$

设 $M_2 = (E, \Psi_2)$ 也是基本序列为 $r_1 = \dfrac{1}{2}, r_2 = 1$ 的闭模糊拟阵, 其 r-水平拟阵的基集分别为

$$B^2_{1/2} = \{\{a, d\}\}, \quad B^2_1 = \{\{a\}, \{b\}\}.$$

定义映射 $\alpha : E \to [0, 1]$ 如下

$$\alpha(c) = \alpha(d) = \frac{1}{2}, \quad \alpha(a) = \alpha(b) = 1.$$

可以看到, α 是 $M_1 + M_2$ 的模糊基, 但 $\alpha \notin \Psi_1 \vee \Psi_2$.

注 下面例子表明, 两个正规模糊拟阵的和不一定是正规的.

例 9.1.2 假设 $E = \{a, b, c, d, e, f\}$, $M_1 = (E, \Psi_1)$ 是闭正规模糊拟阵, 其基本序列为 $r_1 = \dfrac{1}{2}, r_2 = 1$. 进一步假设 r-水平拟阵的基集分别为

$$B_{1/2}^1 = \{\{a, c, d\}, \{a, c, e\}, \{a, c, f\}\}, \quad B_1^1 = \{\{a, c\}\}.$$

设 $M_2 = (E, \Psi_2)$ 也是基本序列为 $r_1 = \dfrac{1}{2}, r_2 = 1$ 的闭正规模糊拟阵, 其 r-水平拟阵的基集分别为

$$B_{1/2}^1 = \{\{b, c, d\}, \{b, c, e\}, \{b, c, f\}\}, \quad B_1^1 = \{\{b, c\}, \{b, f\}\}.$$

定义两个映射 $\alpha: E \to [0, 1]$, $\beta: E \to [0, 1]$ 如下

$$\alpha(a) = \alpha(b) = \alpha(c) = \alpha(f) = 1, \quad \alpha(d) = \frac{1}{2}, \quad \alpha(e) = 0,$$

$$\beta(a) = \beta(b) = \beta(c) = 1, \quad \beta(f) = 0, \quad \beta(d) = \beta(e) = \frac{1}{2}.$$

可以看到, α, β 都是 $M_1 + M_2$ 的模糊基集, 但具有不同的势. 由定理 9.1.2 知, $M_1 + M_2$ 不是正规模糊拟阵.

注 两个闭模糊拟阵的和是闭的. 这可由闭模糊拟阵与模糊拟阵的定义直接得到. 另外, 对于初等模糊拟阵来说, 初等模糊拟阵的和有下面的结果 (见定理 9.1.5).

定义 9.1.3 拟阵 M 上高为 t 的初等模糊拟阵是一个模糊拟阵 $\pi_t(\mathrm{M})$, 其中 $\pi_t(\mathrm{M})$ 满足

当 $r \in (0, t]$ 时, $\mathrm{M}_r = \mathrm{M}$. 当 $r > t$ 时, $\mathrm{M}_r = (E, \{\varnothing\})$.

一个初等模糊拟阵和是一个模糊拟阵 π, 而 π 可表示为初等模糊拟阵的和, 即

$$\pi = \pi_{t_1}\left(\mathrm{M}^1\right) + \pi_{t_2}\left(\mathrm{M}^2\right) + \cdots + \pi_{t_n}\left(\mathrm{M}^n\right),$$

其中 $t_1 \geqslant t_2 \geqslant \cdots \geqslant t_n > 0$.

定理 9.1.5　如果

$$\pi = \pi_{t_1}\left(\mathrm{M}^1\right) + \pi_{t_2}\left(\mathrm{M}^2\right) + \cdots + \pi_{t_n}\left(\mathrm{M}^n\right)$$

是一个初等模糊拟阵和, 则 π 是闭正规模糊拟阵, 其中

$$t_1 > t_2 > \cdots > t_n > 0,$$

$$R\left(\mathrm{M}^1 + \mathrm{M}^2 + \cdots + \mathrm{M}^i\right) < R\left(\mathrm{M}^1 + \mathrm{M}^2 + \cdots + \mathrm{M}^i + \mathrm{M}^{i+1}\right) (1 \leqslant i \leqslant n - 1).$$

证明　由于初等模糊拟阵 $\pi_{t_i}(\mathrm{M}^i)(1 \leqslant i \leqslant n)$ 是闭的, 所以, π 是闭的. 下证 π 也是正规的. 由于 $t_1 > t_2 > \cdots > t_n > 0$ 是 π 的基本序列, π 的 t_i-水平的导出拟阵为

$$\mathrm{M}_n = \mathrm{M}^1 + \mathrm{M}^2 + \cdots + \mathrm{M}^n,$$

$$\mathrm{M}_{n-1} = \mathrm{M}^1 + \mathrm{M}^2 + \cdots + \mathrm{M}^{n-1},$$

$$\cdots\cdots$$

$$\mathrm{M}_1 = \mathrm{M}^1,$$

可见

$$\mathrm{M}_{t_i} = \mathrm{M}_{t_{i-1}} + \mathrm{M}^i.$$

由性质 9.1.3 知, M_{t_i} 的每个基都包含 $\mathrm{M}_{t_{i-1}}$ 的一个基. 所以, 由正规拟阵的定义知, π 是正规模糊拟阵.

定理 9.1.6　每个闭正规模糊拟阵 M 都可被嵌入在一个初等模糊拟阵和 π 中, 且存在拟阵序列 $\{\mathrm{M}^i, i = 1, 2, \cdots, n\}(R(\mathrm{M}^1 + \mathrm{M}^2 + \cdots + \mathrm{M}^i) < R(\mathrm{M}^1 + \mathrm{M}^2 + \cdots + \mathrm{M}^i + \mathrm{M}^{i+1}))$, 使得 M 的每个基 B 满足

$$C_{r_k}(B) \setminus C_{r_{k-1}}(B) \in \mathrm{M}^k,$$

其中 $k = 2, 3, \cdots, n, t_1 > t_2 > \cdots > t_n > 0$ 是 π 的基本序列.

证明　令 $G_i = \{C_{r_i}(B) \setminus C_{r_{i-1}}(B) | B$ 是 M 的基$\}$. 由于 M 是正规的, 所以, G_i 中的所有集合有相同的势, 记为 R_i.

令 M^i 表示秩为 R_i 的拟阵, 且使得 G_i 中的每个元素都是 M^i 的基. 再取 $\mathrm{M}^1 = \mathrm{M}_{r_1}$, 则 $\pi = \sum_{i=1}^{n} \pi_{r_i}(\mathrm{M}^i)$, 即为所求.

9.1.2 模糊拟阵的积

定理 9.1.7 设 M 是闭正规模糊拟阵, 设 $\boldsymbol{B}$ 是 M 的模糊基集, 那么 $\boldsymbol{B}^* = \{B^c|B \in \boldsymbol{B}\}$ 为 M 的对偶模糊拟阵 M^* 的基集, 并且 M^* 是闭正规的.

注 从上面定理可以得到: 设 M 是闭模糊拟阵, 导出拟阵序列为 $\mathrm{M}_{r_1} \supset \mathrm{M}_{r_2} \supset \cdots \supset \mathrm{M}_{r_n}$ (其中 $\mathrm{M}_{r_i} = (E, \mathrm{I}_{r_i})$, $i = 1, 2, \cdots, n$). 如果其对偶模糊拟阵 M^* 存在 (其中 $\mathrm{M}_{r_n}^* \supset \mathrm{M}_{r_{n-1}}^* \supset \cdots \supset \mathrm{M}_{r_1}^*$), 那么 M 是正规的.

定义 9.1.4 设 M 和 N 是集合 E 上的拟阵. 那么拟阵 M 与 N 的积 $\mathrm{M} \cdot \mathrm{N}$ 是拟阵 $(\mathrm{M}^* + \mathrm{N}^*)^*$.

注 如果 $\boldsymbol{B}_1$ 和 $\boldsymbol{B}_2$ 分别是拟阵 M 和 N 的基集, 那么 $\mathrm{M} \cdot \mathrm{N}$ 的基是由集合 $\boldsymbol{B}$ 中的势最小的所有集合构成的, 其中

$$\boldsymbol{B} = \{B_1 \cap B_2|B_1 \in \boldsymbol{B}_1, B_2 \in \boldsymbol{B}_2\}.$$

由于模糊拟阵 M 的 r-水平拟阵 $\mathrm{M}_r = ((\mathrm{M}_r^1)^* + (\mathrm{M}_r^2)^*)^*$, 其中 M_r^1, M_r^2 分别为 M_1, M_2 的 r-水平拟阵, 因此 $M = M_1 \cdot M_2$ 的定义是合理的, 即

$$M_1 \cdot M_2 = (M_1^* + M_2^*)^*. \tag{$*$}$$

定理 9.1.8 设 M_1 和 M_2 是集合 E 上的闭正规模糊拟阵. 那么存在一个 r-水平拟阵由 (9.1.1) 所定义的模糊拟阵 $M_1 \cdot M_2$ 当且仅当 $M_1^* + M_2^*$ 是闭正规模糊拟阵.

证明 $\Longleftarrow$ 设 $M_1^* + M_2^*$ 是闭正规模糊拟阵, 那么由定理 9.1.7, 对偶模糊拟阵 $(M_1^* + M_2^*)^*$ 是存在的, 并且按照 (9.1.1) 所给出 $(M_1^* + M_2^*)^*$ 的 r-水平拟阵, 模糊积拟阵 $M_1 \cdot M_2$ 也存在.

$\Longrightarrow$ 由定理 9.1.7 及其注可以得到.

引理 9.1.1 如果 M_1 和 M_2 是在集合 E 上的拟阵, 若 B_1 和 B_2 分别是 M_1 和 M_2 的基, 则 $B_1 \cap B_2$ 包含 $\mathrm{M}_1 \cdot \mathrm{M}_2$ 一个基.

定理 9.1.9 设 M_1 和 M_2 是在集合 E 上的闭正规模糊拟阵, 那么模糊拟阵的积 $M_1 \cdot M_2$ 是闭正规模糊拟阵.

定义 9.1.5　　模糊拟阵 M 的一个模糊生成集 α 是包含 M 的一个模糊基 β 的模糊集, 即 $\alpha \geqslant \beta$.

定义 9.1.6　　设 φ 是模糊拟阵 M 的一个支撑集族, 若对于 M 的每一个模糊基 β, 都有一个 $\alpha \in \varphi$, 使得 $\alpha \geqslant \beta$, 则称 φ 是 M 的一个强支撑集族.

定理 9.1.10　　设 M_1 和 M_2 是集合 E 上的闭正规模糊拟阵, $\boldsymbol{B}_1$ 和 $\boldsymbol{B}_2$ 分别是它们的模糊基集, 若 $M_1 \cdot M_2$ 存在, 则

$$\boldsymbol{B}_1 \wedge \boldsymbol{B}_2 = \{\beta | \beta = \beta_1 \wedge \beta_2, \beta_1 \in \boldsymbol{B}_1, \beta_2 \in \boldsymbol{B}_2\}$$

是 $M_1 \cdot M_2$ 的一个强支撑集族.

9.2　模糊拟阵的树形结构

在定理 4.2.2 基础上, 给出了闭模糊拟阵的一种树形结构.

设 $M = (E, \Psi)$ 是 E 上的基本序列为 $0 = r_0 < r_1 < \cdots < r_n \leqslant 1$ 的闭模糊拟阵, 其导出拟阵序列为 $\mathrm{M}_{r_1} \supset \mathrm{M}_{r_2} \supset \cdots \supset \mathrm{M}_{r_n}$ (其中 $\mathrm{M}_{r_i} = (E, \mathrm{I}_{r_i})$, $i = 1, 2, \cdots, n$).

设拟阵 $\mathrm{M}_{r_1} = (E, \mathrm{I}_{r_1})$ 有 m 个基. 对拟阵 (E, I_{r_1}) 的任意基 $A_1^j = A_{1,1}^j (j = 1, 2, \cdots, m)$, 由定理 4.2.2, 存在序列 $A_{2,1}^j, \cdots, A_{n-1,1}^j, A_{n,1}^j (A_{i,1}^j \in \mathrm{I}_{r_i}, i = 2, 3, \cdots, n)$, 使得

$$A_{1,1}^j \supseteq A_{2,1}^j \supseteq \cdots \supseteq A_{n-1,1}^j \supseteq A_{n,1}^j,$$

其中 $A_{i,1}^j$ 是 $A_{i-1,1}^j$ 的极大子集 $(i = 2, 3, \cdots, n)$.

序列 $A_{1,1}^j \supseteq A_{2,1}^j \supseteq \cdots \supseteq A_{n-1,1}^j \supseteq A_{n,1}^j$ (称为 A_1^j-导出序列, $j = 1, 2, \cdots, m$) 可以构建为一棵树的分枝. 由于 $A_{i,1}^j$ 不是 $A_{i-1,1}^j (i = 2, 3, \cdots, n)$ 在 I_{r_i} 中的唯一的极大子集, 因此 A_1^j 导出的序列可以构建一棵树的很多分枝. 这样可以用那些分枝构建一棵树 (图 9.2.1), 其中 A_1^j 称为树根, $A_{i-1,1}^j (i = 2, 3, \cdots, n)$ 称为树的分枝结点, $A_{n,k}^j$ $(k = 1, 2, \cdots, t_n)$ 称为树的叶子. 由于 $\mathrm{M}_{r_1} = (E, \mathrm{I}_{r_1})$ 有 m 个基, 因此可以用 $\mathrm{M}_{r_1} = (E, \mathrm{I}_{r_1})$ 每个基 $A_1^j (j = 1, 2, \cdots, m)$ 导出的序列构建 m 棵树, 这些树形成了一片森林.

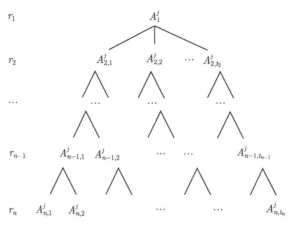

$$r_1 \qquad A_1^j$$

$$r_2 \qquad A_{2,1}^j \quad A_{2,2}^j \quad \cdots \quad A_{2,t_2}^j$$

$$r_{n-1} \qquad A_{n-1,1}^j \quad A_{n-1,2}^j \quad \cdots \quad \cdots \quad A_{n-1,t_{n-1}}^j$$

$$r_n \qquad A_{n,1}^j \quad A_{n,2}^j \quad \cdots \quad \cdots \quad A_{n,t_n}^j$$

图 9.2.1 闭模糊拟阵的树形结构

每棵树分成 n 层. 第一层的集合 (r_1 层) 是拟阵 $\mathrm{M}_{r_1} = (E, \mathrm{I}_{r_1})$ 的基, 第 i 层 (r_1 层) 的集合不仅是拟阵 $\mathrm{M}_{r_i} = (E, \mathrm{I}_{r_i})$ 的独立集, 而且是第 $i-1$ 层相应集合的极大子集. 由定理 4.2.2 知, 对于每个上述讨论的某棵树的集合序列 $A_{2,1}^j, \cdots, A_{n-1,1}^j, A_{n,1}^j$.

当 $x \in A_{n,1}^j$ 时, 有 $\mu(x) = r_n$;

当 $x \in A_{i,1}^j \setminus A_{i+1,1}^j (i = 1, 2, \cdots, n-1)$ 时, 有 $\mu(x) = r_i$.

反之, 对于某棵树的任意一个分枝 $A_{n,1}, A_{n-1,1}, \cdots, A_{2,1}, A_{1,1}$, 若 $A_{n,1} \subseteq A_{n-1,1} \subseteq \cdots \subseteq A_{2,1} \subseteq A_{1,1}$, 且取模糊集 μ, 使得

对任意的 $x \in A_{n,1}$, 令 $\mu(x) = r_n$;

对任意的 $x \in A_{i,1} \setminus A_{i+1,1} (i = 2, 3, \cdots, n-1)$, 令 $\mu(x) = r_i$;

对任意的 $x \in A_{1,1} \setminus A_{2,1}$, 令 $\mu(x) = r_1$.

则 μ 满足定理 4.2.2 中的条件 (2), 且 $A_{1,1} = \mathrm{supp}\mu$ 是拟阵 $\mathrm{M}_{r_1} = (E, \mathrm{I}_{r_1})$ 的基, 又满足条件 (1), 所以 μ 是一个模糊基. 按照取法, 这个模糊基也是唯一的.

因此, 闭模糊拟阵的所有模糊基与这些树的所有条路径是一一对应的, 即闭模糊拟阵的所有模糊基与这些树的叶子是一一对应的, 于是有下列推论.

推论 9.2.1 闭模糊拟阵的模糊基的个数等于把所有模糊基的支撑集在导出拟阵序列中按照定理 4.2.2 的条件 (2) 分解得到的所有树的叶子数之和.

由于闭模糊拟阵的模糊基集唯一地决定了该闭模糊拟阵, 因此, 由推论 9.2.1 知, 闭模糊拟阵可由上述讨论的树唯一决定, 因而, 也就可以由这些树唯一地表示. 称这种表示为闭模糊拟阵的树形结构表示, 简称闭模糊拟阵的树形结构.

又由于这些模糊基的支撑集都是拟阵 $M_{r_1} = (E, I_{r_1})$ 的基, 所以有如下推论.

推论 9.2.2   闭模糊拟阵的模糊基的支撑集的元素个数相等.

例 9.2.1   设 $E = \{1, 2, 3, 4\}$, 取 $I_{\frac{1}{3}} = \{\varnothing, \{1\}, \{2\}, \{3\}, \{4\}, \{1, 2\}, \{1, 3\}, \{1, 4\}, \{2, 3\}, \{2, 4\}, \{3, 4\}, \{1, 2, 3\}, \{1, 2, 4\}, \{1, 3, 4\}, \{2, 3, 4\}\}$, $I_{\frac{1}{2}} = \{\varnothing, \{1\}, \{2\}, \{3\}, \{4\}, \{1, 2\}, \{1, 3\}, \{1, 4\}, \{2, 3\}, \{2, 4\}, \{3, 4\}, \{1, 2, 3\}, \{1, 2, 4\}, \{1, 3, 4\}, \{2, 3, 4\}\}$, $I_{\frac{1}{2}} = \{\varnothing, \{1\}, \{2\}, \{1, 2\}\}$, 那么, $\left(E, I_{\frac{1}{3}}\right)$, $\left(E, I_{\frac{1}{2}}\right)$ 和 (E, I_1) 都是拟阵, 并且 $I_{\frac{1}{3}} \supset I_{\frac{1}{2}} \supset I_1$.

若当 $0 < r \leqslant \dfrac{1}{3}$ 时, 取 $I_r = I_{\frac{1}{3}}$; 当 $\dfrac{1}{3} < r \leqslant \dfrac{1}{2}$ 时, 取 $I_r = I_{\frac{1}{2}}$; 当 $\dfrac{1}{2} < r \leqslant 1$ 时, 取 $I_r = I_1$. 令

$$\Psi = \{\mu \in F(E) \,|\, C_r(\mu) \in I_r, 0 < r \leqslant 1\}.$$

则由定义 3.2.1 和定理 3.2.1 知, $M = (E, \Psi)$ 是一个闭模糊拟阵, 其基本序列为

$$r_0 = 0, \quad r_1 = \frac{1}{3}, \quad r_2 = \frac{1}{2}, \quad r_3 = 1,$$

导出拟阵序列为

$$I_{\frac{1}{3}} \supset I_{\frac{1}{2}} \supset I_1.$$

于是, 根据定理 4.2.2 可以得到该闭模糊拟阵的树形结构 (图 9.2.2).

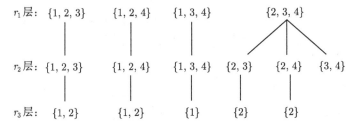

图 9.2.2   闭模糊拟阵的树形结构

由于树形结构由四棵树构成, 叶子总数为六, 因此结合其推论可以判定, 该闭模糊拟阵有六个模糊基, 且它们的支撑集都有三个元素. 再根据定理 4.2.2 的条件 (2) 可以得到这六个模糊基分别是

$$\mu_1(x) = \begin{cases} 1, & x = 1, \\ 1, & x = 2, \\ \dfrac{1}{2}, & x = 3, \\ 0, & x = 4, \end{cases} \qquad \mu_2(x) = \begin{cases} 1, & x = 1, \\ 1, & x = 2, \\ 0, & x = 3, \\ \dfrac{1}{2}, & x = 4, \end{cases}$$

$$\mu_3(x) = \begin{cases} 1, & x = 1, \\ 0, & x = 2, \\ \dfrac{1}{2}, & x = 3, \\ \dfrac{1}{2}, & x = 4, \end{cases} \qquad \mu_4(x) = \begin{cases} 0, & x = 1, \\ 1, & x = 2, \\ \dfrac{1}{2}, & x = 3, \\ \dfrac{1}{3}, & x = 4, \end{cases}$$

$$\mu_5(x) = \begin{cases} 0, & x = 1, \\ 1, & x = 2, \\ \dfrac{1}{3}, & x = 3, \\ \dfrac{1}{2}, & x = 4, \end{cases} \qquad \mu_6(x) = \begin{cases} 0, & x = 1, \\ \dfrac{1}{3}, & x = 2, \\ \dfrac{1}{2}, & x = 3, \\ \dfrac{1}{2}, & x = 4. \end{cases}$$

第 10 章　模糊图拟阵

本章主要介绍了模糊图拟阵的基本概念和性质.

10.1　模糊拟阵的同构映射

定义 10.1.1　设 $M_1 = (E_1, \Psi_1)$ 和 $M_2 = (E_2, \Psi_2)$ 都是模糊拟阵. 设 $\varphi : E_1 \to E_2$ 是 1-1 映射. 定义模糊集映射 $\varphi' : F(E_1) \to F(E_2)$, 使得对 $\forall \mu \in F(E_1)$, $\forall x \in E_2$, 都有

$$\varphi'(\mu)(x) = \mu(\varphi^{-1}(x)).$$

若对任意的 $\mu \in F(E_1)$, 都有

$$\mu \in \Psi_1 \Longleftrightarrow \varphi'(\mu) \in \Psi_2,$$

则称 φ' 为模糊拟阵 $M_1 = (E_1, \Psi_1)$ 与 $M_2 = (E_2, \Psi_2)$ 模糊同构, 记作 $M_1 \cong M_2$. φ' 又称为 M_1 到 M_2 的模糊同构映射.

定理 10.1.1　设 $\varphi' : F(E_1) \to F(E_2)$ 是模糊拟阵 M_1 到 M_2 的模糊同构映射, $\forall \mu_1, \mu_2 \in F(E_1)$, 则

$$\mu_1 < \mu_2 \Longleftrightarrow \varphi'(\mu_1) < \varphi'(\mu_2).$$

证明　略.

推论 10.1.1　设 φ' 是 M_1 到 M_2 的模糊同构映射, 则 μ 是 M_1 的模糊基 $\Longleftrightarrow \varphi'(\mu)$ 是 M_2 的模糊基.

推论 10.1.2　若 $M_1 \cong M_2$, 则 M_1 是闭模糊拟阵 $\Longleftrightarrow M_2$ 是闭模糊拟阵.

定理 10.1.2　设模糊拟阵 $M_1 = (E_1, \Psi_1) \cong M_2 = (E_2, \Psi_2)$, 则对任意 $r \in (0, 1]$, 都有

$$M_r^1 = \left(E_1, I_r^1\right) \cong M_r^1 = \left(E_1, I_r^2\right).$$

(这里是指拟阵的同构, 此外 $I_r^1 = \{C_r(\mu)|\forall \mu \in \Psi_1\}$, $I_r^2 = \{C_r(\mu)|\forall \mu \in \Psi_2\}$.)

证明　设 $\varphi : E_1 \to E_2$ 是 1-1 映射, $\varphi' : F(E_1) \to F(E_2)$ 是 M_1 到 M_2 的由 φ 导出的模糊同构映射, 则对 $\forall A \in I_r^1$, 都有

$$\omega(A, r) \in \Psi_1,$$

因此, $\forall x \in E$, 有

$$\varphi'\left(\omega\left(A, r\right)\right)(x) = \omega\left(A, r\right)\left(\varphi^{-1}\left(x\right)\right) = \omega(\varphi(A), r)(x),$$

即 $\omega(\varphi(A), r) \in \Psi_2$, 由此得 $\varphi(A) \in I_r^2$.

反之, 若 $A \subseteq E_1$, 若 $\varphi(A) \in I_r^2$, 则从模糊同构的对称性知

$$\varphi^{-1}\left(\varphi\left(A\right)\right) = A \in I_r^1,$$

故由一般拟阵的同构定义即知, $M_r^1 \cong M_r^2$.

推论 10.1.3　若 $M_1 \cong M_2$, 则 M_1 与 M_2 的基本序列相同, 它们的导出拟阵序列中的拟阵对应同构.

定理 10.1.3　设 $M_1 \cong M_2$, φ' 为模糊同构映射, 则 μ 是 M_1 的模糊圈 $\Longleftrightarrow \varphi'(\mu)$ 是 M_2 的模糊圈.

证明　设 $M_1 = (E_1, \Psi_1)$ 和 $M_2 = (E_2, \Psi_2)$ 都是模糊拟阵. 设 $\varphi : E_1 \to E_2$ 是 1-1 映射, φ' 是由其导出的模糊同构映射.

$\forall a_0 \in E_1$, 都有 $a_0' \in E_2$, 使得

$$\varphi(a_0) = a_0'.$$

对 $\forall \mu \in F(E_1)$, $\forall a \in E_2$, 都有

$$\begin{aligned}
\varphi'(\mu \backslash\backslash_{a_0})(a) &= (\mu \backslash\backslash_{a_0})(\varphi^{-1}(a)) \\
&= \mu(\varphi^{-1}(a)) - \omega(\{a_0\}, \mu(a_0))(\varphi^{-1}(a)) \\
&= \varphi'(\mu)(a) - \omega(\{a_0'\}, \mu(a_0))(a) \\
&= (\varphi'(\mu) \backslash\backslash (a_0'))(a).
\end{aligned}$$

因此, $\varphi'(\mu\backslash\backslash a_0) = \varphi'(\mu)\backslash\backslash a_0'$, 由此和模糊同构定义就有

$$\mu \text{ 是} M_1 \text{的模糊圈} \Longleftrightarrow \mu \notin \Psi_1,$$

而且 $\forall a_0 \in \operatorname{supp}\mu$, 都有

$$\mu \notin \Psi_1, \quad \mu\backslash\backslash a_0 \in \Psi_1 \Longleftrightarrow \varphi'(\mu) \notin \Psi_2.$$

又 $\forall a_0' \in \operatorname{supp}(\varphi'(\mu))$, 都有

$$\varphi'(\mu)\backslash\backslash a_0' \in \Psi_2 \Longleftrightarrow \varphi'(\mu) \text{ 是 } \Psi_2 \text{ 的模糊圈}.$$

10.2　模糊图拟阵及其充要条件

定义 10.2.1　设 $M = (E, \Psi)$ 是模糊拟阵, 若有模糊图 $\tilde{G}$, 使 M 模糊同构于模糊图拟阵 $M(\tilde{G})$, 则称 M 是模糊图拟阵, 也记为 $\Pi = (E, \Psi)$.

定义 10.2.2　设 $\Pi = (E, \Psi)$ 是模糊图拟阵, $M_{r_1} \supset M_{r_2} \supset \cdots \supset M_{r_n}$ 为导出拟阵序列, 其中 $M_{r_i} = (E, I_{r_i})\,(i = 1, 2, \cdots, n)$. 若 $C \subseteq E$ 是 $M_{r_i}(i = 1, 2, \cdots, n)$ 的非环圈, 则 C 也是 M_{r_1} 的非环圈, 那么称 Π 是圈好模糊拟阵.

模糊图拟阵都是圈好模糊拟阵, 反之却不然. 这是由于模糊图拟阵都是闭的, 而圈好性并不能保证闭性. (考察一个没有模糊圈和模糊基的模糊拟阵即可.)

定理 10.2.1　设 $\Pi = (E, \Psi)$ 是模糊拟阵, $0 < r_1 < \cdots < r_n < 1$ 是其基本序列, $M_{r_1} \supset M_{r_2} \supset \cdots \supset M_{r_n}(M_{r_i} = (E, I_{r_i}), i = 1, 2, \cdots, n)$ 是其导出拟阵序列, 则 Π 是模糊图拟阵 $\Leftrightarrow \Pi$ 是闭的圈好模糊拟阵, 而且 M_{r_1} 是图拟阵.

证明　$\Longrightarrow$　设 Π 是模糊图拟阵, 则有模糊图 $\tilde{G}$, 使得

$$\Pi \cong \Pi(\tilde{G}).$$

因此, 由推论 10.1.2 知, Π 是闭的圈好模糊拟阵. 再由推论 10.1.1 知, M_{r_1} 是图拟阵.

⟸ 由已知, 有图 $G = (E', V')$, 使得

$$\mathrm{M}_{r_1} \cong \mathrm{M}(G),$$

其中 $\mathrm{M}(G)$ 表示由图 G 导出的圈拟阵.

设 $\varphi : E \to E'$ 是它们的同构映射. 构造模糊集 $\sigma \in F(E')$, 使得对 $\forall a' \in E'$, 都有

$$\sigma(a') = \sup\{\mu(\varphi^{-1}(a')) | \forall \mu \in \Psi\},$$

从而得到模糊图和模糊圈拟阵 $\tilde{G}$ 与 $\Pi' = \Pi(\tilde{G}) = (E', \Psi')$.

下面证明 $\Pi \cong \Pi(\tilde{G})$.

根据定义 10.1.1, 从 φ 的构造映射 $\varphi' : F(E) \to F(E')$. 接下来证明, φ' 就是 Π 到 $\Pi(\tilde{G})$ 的模糊同构映射.

(1) 任取 $\mu \in \Psi$, 都有 $\varphi'(\mu) \in \Psi'$. 使用反证法: 若有某个 $\mu \in \Psi$, 使得

$$\varphi'(\mu) \notin \Psi',$$

则由定理 5.2.1, 有模糊圈 v, 使得

$$\nu \leqslant \varphi'(\mu).$$

不妨设 $R^+(\nu) = \{t_1, t_2, \cdots, t_k\}$. 再由定理 5.2.1 知, ν_{t_1} 是 $M'_{t_1} = (E', \mathrm{I}'_{t_1})$ 的圈. 若 ν_{t_1} 是非环圈, 则它也是 $M'_{m(\sigma)} = (E', \mathrm{I}_{m(\sigma)})$ 的非环圈. 但是

$$M'_{m(\sigma)} \cong M(G) \cong M_{\mathrm{I}_1}.$$

因此, $\varphi^{-1}((\nu)_{t_1}) \subseteq \mathrm{supp}\mu$ 是 M_{r_1} 的圈. 这与 $\mu \in \Psi$ 矛盾.

(2) 先证: $\forall a' \in E'$, 令

$$\sigma(a') = \max\{\mu(\varphi^{-1}(a')) | \forall a \in \Psi\}.$$

若有某个 $a' \in E'$, 使得 $\forall \mu \in \Psi$, 都有

$$\mu(\varphi^{-1}(a')) < \sigma(a'). \tag{10.2.1}$$

由 Π 的闭性和定理 3.2.3, 有模糊基 $\nu \in \Psi$, 使得

$$\mu(\varphi^{-1}(a')) < \nu(\varphi^{-1}(a')),$$

则要么 $\nu(\varphi^{-1}(a')) = \sigma(a')$(这与 (10.2.1) 式矛盾), 要么 $\nu(\varphi^{-1}(a')) < \sigma(a')$, 又会有模糊基 ν', 使得

$$\nu(\varphi^{-1}(a')) < \nu'(\varphi^{-1}(a')).$$

在这个过程中, 要么有模糊基与 (10.2.1) 式矛盾, 要么就会得到无穷个不等的模糊基, 这又与模糊拟阵不会有无限个模糊基矛盾.

再证, 对 $\forall \varphi''(\mu) \in \Psi'$, 都有 $\mu \in \Psi$.

假设对 $\forall \varphi''(\mu) \in \Psi'$, 使得 $\mu \notin \Psi$. 取 Π 的模糊圈 ν, 使得 $\nu \leqslant \mu$.

若设 $R^+(\nu) = \{h_1, h_2, \cdots, h_m\}$, 则由定理 5.2.1 知 $(\nu)_{h_1}$ 是 M_{h_1} 的圈. 若 $(\nu)_{h_1}$ 是非环圈, 则 $(\nu)_{h_1}$ 也是 M_{r_1} 的非环圈. 由同构, $\varphi((\nu)_{h_1})$ 是 $M(G)$ 的非环圈, 它也是 G 的非环圈. 从而 $\varphi\left((\nu)_{h_1}\right) \subseteq \varphi(\mathrm{supp}\mu) \subseteq \mathrm{supp}(\varphi''(\mu))$, 矛盾. 若 $(\nu)_{h_1} = \{a\} \notin \mathrm{I}_{h_1}$ 是环, 则 $\nu(a) = h_1 \leqslant \mu(a)$. 任取 $\omega \in \Psi$, 由定理 5.2.1 知

$$\omega(a) < h_1.$$

这说明 $\sigma(\varphi(a)) < h_1$. 但是 $h_1 > \sigma(\varphi(a)) \geqslant \varphi'(\mu)(\varphi(a)) = \mu(\varphi^{-1}(\varphi(a))) = \mu(a) \geqslant h$, 矛盾. 由 (1) 和 (2) 的证明即知 $\Pi \cong \Pi(\tilde{G})$.

第 11 章　模糊拟阵的算法

拟阵与贪婪算法相结合主要用于解决组合优化问题. 我们在模糊拟阵的算法方面也得到了一些成果, 主要有模糊拟阵的模糊集的秩的算法、模糊基的生成算法、模糊圈的生成算法等.

11.1　模糊集的秩的算法

定义 6.1.1 中给出了模糊拟阵模糊集的秩和相关性质, 本节首先直接给出模糊独立集的秩的一个算法, 同时给出了闭模糊拟阵模糊圈的秩的一些性质, 通过模糊圈的 "势" 收缩的方式得到闭模糊拟阵模糊圈的秩的一个算法, 并给出一个例子加以说明.

11.1.1　模糊独立集的秩的算法

问题　设 $M = (E, \Psi)$ 是 E 上的模糊拟阵, ρ 是模糊秩函数, 若 μ 是模糊拟阵 M 的一个独立集, 且 $\mathrm{supp}\mu = \{e_1, e_2, \cdots, e_m\}$.

求模糊独立集 μ 的秩 (从定义 6.1.1 知, $\rho(\mu) = |\mu|$).

算法 11.1.1　(1) 输入一个序列: $\mu(e_1), \mu(e_2), \cdots, \mu(e_m)$.

令 $i = 1, \rho(\mu) = 0$.

(2) 若 $i > m$, 则算法停止, 输出 $\rho(\mu)$; 若 $i \leqslant m$, 则令 $\rho(\mu) = \mu(e_i) + \rho(\mu)$, 转步骤 (3).

(3) 令 $i = i + 1$, 转步骤 (2).

11.1.2　模糊圈的秩的算法

定理 11.1.1　设 $M = (E, \Psi)$ 是 E 上的一个闭模糊拟阵, $0 = r_0 < r_1 < \cdots < r_n \leqslant 1$ 是拟阵 M 的基本序列. 设 $\mathrm{M}_{r_1} \supset \mathrm{M}_{r_2} \supset \cdots \supset \mathrm{M}_{r_n}$ 是 M 的导出拟阵 (其中 $\mathrm{M}_{r_i} = (E, \mathrm{I}_{r_i}), i = 1, 2, \cdots, n$). ρ 是模糊秩函数, 若 μ 是模糊拟阵 M 的模糊圈且 $R^+(\mu) = \{\beta_1, \beta_2, \cdots, \beta_m\}$, 其中

$0 < \beta_1 < \beta_2 < \cdots < \beta_m.$ 那么

$$|\mu| - \beta_1 \leqslant \rho(\mu) < |\mu|.$$

证明　由定义 6.1.1 知 $\rho(\mu) < |\mu|$. 因此只需证明 $|\mu| - \beta_1 \leqslant \rho(\mu)$.

由于 μ 是闭模糊拟阵 M 的模糊圈, 由定理 5.2.1 知, $C_{\beta_1}(\mu)$ 是导出拟阵 $(E, \mathrm{I}_{\beta_1})$ 的一个圈, 且

$$C_{\beta_i}(\mu) \in \mathrm{I}_{\beta_i},$$

其中 $i = 2, 3, \cdots, m, \beta_m \leqslant r_n$. 因此, 存在 $r_k(k = 2, 3, \cdots, n)$, 使得

$$r_{k-1} < \beta_1 \leqslant r_k,$$

$$\mathrm{I}_{\beta_1} = \mathrm{I}_{r_k},$$

那么 $C_{\beta_1}(\mu)$ 是导出拟阵 $\mathrm{M}_{r_k} = (E, \mathrm{I}_{r_k})(k = 2, 3, \cdots, n)$ 的圈.

对任意的 $e \in C_{\beta_1}(\mu) \backslash C_{\beta_2}(\mu)$, 令

$$\nu(x) = \begin{cases} \mu(x), & x \neq e, \\ r, & x = e, \end{cases}$$

其中, $0 < r < \beta_1 \leqslant r_k$, 则对任意的 $r > r_{k-1}$, 有

$$C_r(\nu) = C_{\beta_1}(\mu) \in \mathrm{I}_{r_k},$$

$$C_{\beta_i}(\nu) = C_{\beta_i}(\mu) \in \mathrm{I}_{\beta_i} \quad (i = 1, 2, \cdots, m),$$

$$C_{\beta_1}(\nu) = C_{\beta_1}(\mu) \backslash \{e\} \in \mathrm{I}_{\beta_1}.$$

若对某个 $r(0 < r \leqslant r_{k-1})$, 有

$$C_r(\nu) \in \mathrm{I}_r,$$

则有

$$\nu \in \Psi.$$

因此

$$\rho(\mu) \geqslant \rho(\nu) = |\nu| = |\mu| - \beta_1 + r > |\mu| - \beta_1.$$

特别地, 当 $r = r_{k-1}$ 时, 有

$$C_{r_{k-1}}(\nu) \in \mathrm{I}_{r_{k-1}}.$$

于是, 有

$$\nu \leqslant \mu,$$

且 $\nu \in \Psi$ 是模糊独立集. 所以, 有

$$\rho(\mu) = \rho(\nu) = |\nu|$$
$$= |\mu| - \beta_1 + r_{k-1} > |\mu| - \beta_1.$$

若对任意的 $r(0 < r \leqslant r_{k-1})$, 都有

$$C_r(\nu) \notin \mathrm{I}_r,$$

则对某个 $e \in C_{\beta_1}(\mu) \backslash C_{\beta_2}(\mu)$, 令

$$\nu'(x) = \begin{cases} \mu(x), & x \neq e, \\ 0, & x = e. \end{cases}$$

那么

$$C_{\beta_i}(\nu') = C_{\beta_i}(\mu) \in \mathrm{I}_{\beta_i} \quad (i = 2, \cdots, m),$$
$$C_{\beta_1}(\nu') = C_{\beta_1}(\mu) \backslash \{e\} \in \mathrm{I}_{\beta_1}.$$

于是

$$\nu' \in \Psi.$$

所以, 对任意的 $r(0 < r \leqslant r_{k-1} < \beta_1)$, 有

$$\nu' < \nu \leqslant \mu,$$

$$\rho(\mu) = \rho(\nu) > \rho(\nu')$$
$$= |\nu'| = |\mu| - \beta_1,$$

由此

$$|\mu| - \beta_1 \leqslant \rho(\mu) < |\mu|.$$

由定理 11.1.1 的证明, 可以得到定理 11.2.2.

定理 11.1.2　设 $M = (E, \Psi)$ 是 E 上的一个闭模糊拟阵, $0 = r_0 < r_1 < \cdots < r_n \leqslant 1$ 是拟阵 M 的基本序列. 假设 $\mathrm{M}_{r_1} \supset \mathrm{M}_{r_2} \supset \cdots \supset \mathrm{M}_{r_n}$ 是 M 的导出拟阵序列 (其中 $\mathrm{M}_{r_i} = (E, \mathrm{I}_{r_i})$, $i = 1, 2, \cdots, n$). ρ 是模糊秩函数, 如果 μ 是模糊拟阵 M 的模糊圈, 且 $R^+ (\mu) = \{\beta_1, \beta_2, \cdots, \beta_m\}$, 其中 $0 < \beta_1 < \beta_2 < \cdots < \beta_m$, ω 是被 μ 包含的极大模糊独立集, $\omega \leqslant \mu$. 那么存在 $e \in C_{\beta_1} (\mu) \backslash C_{\beta_2} (\mu)$, 使得

$$\omega(e) < \mu(e),$$

且对任意的 $x \in C_{\beta_1} (\mu) \backslash \{e\}$, 有

$$\omega(x) = \mu(x).$$

现在讨论一些特殊模糊圈, 通过 "势" 收缩的方式, 得到了闭模糊拟阵模糊圈的秩的一些性质.

定理 11.1.3　设 $M = (E, \Psi)$ 是 E 上的一个闭模糊拟阵, $0 = r_0 < r_1 < \cdots < r_n \leqslant 1$ 是拟阵 M 的基本序列. 假设 M 的导出拟阵序列为 $\mathrm{M}_{r_1} \supset \mathrm{M}_{r_2} \supset \cdots \supset \mathrm{M}_{r_n}$, 其中 $\mathrm{M}_{r_i} = (E, \mathrm{I}_{r_i}) (i = 1, 2, \cdots, n)$. ρ 是模糊秩函数, 如果 μ 是模糊拟阵 M 的模糊圈, $e_i \in \mathrm{supp}\mu$, 且

$$\mu(e_1) < \mu(e_i) = s_i \quad (i > 1),$$

$$r_{k-1} < m(\mu) = \mu(e_1) \leqslant r_k,$$

其中 $k = 2, 3, \cdots, n, s_i$ 为常数, 令

$$\mu_1(x) = \begin{cases} \mu(x), & x \neq e_1, \\ r_{k-1}, & x = e_1, \end{cases}$$

且

$$C_{r_{k-1}} (\mu_1) \in \mathrm{I}_{r_{k-1}}.$$

那么

$$\rho(\mu) = \rho(\mu_1).$$

证明　设 M 是闭模糊拟阵, μ 是 M 的模糊圈, 且

$$r_{k-1} < m(\mu) = \mu(e_1) \leqslant r_k \quad (k = 2, 3, \cdots, n),$$

那么

$$I_{\mu(e_1)} = I_{r_k},$$

由定理 5.2.5 知

$$C_{m(\mu)} \text{ 是导出拟阵 } (E, I_{r_k}) \text{ 的圈},$$

且对任意的 $s_i \in R^+(\mu)(s_i > \mu(e_1))$, 有

$$C_{s_i}(\mu) \in I_{s_i}.$$

由于 μ 是一个模糊圈, 因此对任意的 $r \in R^+(\mu)(r > m(\mu))$, 有

$$C_r(\mu) \in I_r.$$

于是, 对任意的 $r > r_{k-1}$, 有

$$C_r(\mu_1) \in I_r.$$

注意到

$$C_{r_{k-1}}(\mu_1) \in I_{r_{k-1}},$$

那么由定理 4.1.1, 有

$$\mu_1 \in \Psi.$$

设 ω 是 μ 包含的极大模糊独立集, 则

$$\omega < \mu,$$

$$\rho(\omega) = \rho(\mu),$$

且对任意的 $r > r_{k-1}$, 有

$$C_r(\omega) \in I_r.$$

于是, 由 μ_1 的构造知

$$\mu_1(e_1) < \mu(e_1),$$

且对任意的 $x \in C_{m(\mu)}(\mu) \backslash \{e_1\}$, 有

$$\mu_1(x) = \mu(x) = \omega(x).$$

假设 $\mu_1(e_1) > \omega(e_1)$, 则有

$$\mu_1 > \omega,$$

这样, μ_1 是 μ 包含的极大模糊独立集, 矛盾.

假设 $\mu_1(e_1) < \omega(e_1)$. 由 $\mu_1(e_1) = r_{k-1}$, 有

$$\omega(e_1) > r_{k-1},$$

$$C_{\omega(e_1)}(\omega) = C_{\mu(e_1)}(\mu) \notin \mathrm{I}_{r_k}.$$

于是

$$\omega \notin \Psi, \quad \text{矛盾}.$$

因此, 对任意的 $x \in E$, 有

$$\mu_1(x) = \omega(x),$$

即

$$\mu_1 = \omega.$$

于是

$$\rho(\omega) = \rho(\mu_1).$$

所以

$$\rho(\mu) = \rho(\omega) = \rho(\mu_1).$$

由定理 11.1.3 的证明知, 若模糊圈 μ 只有唯一元素取得最小正值, 则模糊圈 μ 包含唯一的极大模糊独立集, 且它们的秩相等.

定理 11.1.4　设 $M = (E, \Psi)$ 是 E 上的一个闭模糊拟阵, $0 = r_0 < r_1 < \cdots < r_n \leqslant 1$ 是拟阵 M 的基本序列, M 的导出拟阵序列为 $\mathrm{M}_{r_1} \supset \mathrm{M}_{r_2} \supset \cdots \supset \mathrm{M}_{r_n}$, 其中 $\mathrm{M}_{r_i} = (E, \mathrm{I}_{r_i}) \, (i = 1, 2, \cdots, n)$. 设 ρ 是模糊秩函数, μ 是模糊拟阵 M 的模糊圈, $e_1, e_2 \in \mathrm{supp}\mu$. 如果存在 r_k, r_j, 使得

$$r_{k-1} < m(\mu) = \mu(e_1) = \mu(e_2) \leqslant r_k \quad (k = 2, 3, \cdots, n),$$

$$C_{m(\mu)}(\mu) \in \mathrm{I}_{r_j},$$

$$C_{m(\mu)}(\mu) \notin \mathrm{I}_{r_{j+1}} \quad (j = 1, 2, \cdots, k).$$

那么 $\rho(\mu) = |\mu| - m(\mu) + r_j$.

证明 设 M 是闭模糊拟阵, μ 是闭模糊拟阵 M 的模糊圈, 且

$$r_{k-1} < m(\mu) = \mu(e_1) = \mu(e_2) \leqslant r_k \quad (k = 2, 3, \cdots, n),$$

则由定理 5.2.5 知

$$\mathrm{I}_{\mu(e_1)} = \mathrm{I}_{r_k},$$

且 $C_{m(\mu)}(\mu)$ 是导出拟阵 (E, I_{r_k}) 的模糊圈, 对任意的 $r(r \geqslant r_k)$, 有

$$C_r(\mu) \in \mathrm{I}_r,$$

即

$$C_{m(\mu)}(\mu) \notin \mathrm{I}_{r_k}, \quad \mu \notin \Psi.$$

如果 $C_{m(\mu)}(\mu) \notin \mathrm{I}_{r_{j+1}}(j = 1, 2, \cdots, k)$, 那么

$$C_{m(\mu)}(\mu) \notin \mathrm{I}_{r_{j+2}},$$

$$C_{m(\mu)}(\mu) \notin \mathrm{I}_{r_{j+3}},$$

$$\cdots\cdots$$

$$C_{m(\mu)}(\mu) \notin \mathrm{I}_{r_n}.$$

令

$$\nu_1(x) = \begin{cases} \mu(x), & x \neq e_1, \\ r_j, & x = e_1, \end{cases}$$

或者

$$\nu_2(x) = \begin{cases} \mu(x), & x \neq e_2, \\ r_j, & x = e_2. \end{cases}$$

由于 $C_{m(\mu)}(\mu) \in \mathrm{I}_{r_j}$, 因此

$$C_{m(\mu)}(\nu_1) \in \mathrm{I}_{r_j},$$

$$C_{m(\mu)}(\nu_2) \in \mathrm{I}_{r_j}.$$

所以有

$$\nu_1, \nu_2 \in \Psi,$$

且由定理 11.1.3, 可得

$$\rho(\mu) = \rho(\nu_1) = \rho(\nu_2) = |\mu| - m(\mu) + r_j.$$

由定理 11.1.4 的证明知, 对于模糊圈 μ, 如果有两个元素取得最小正值, 则 μ 会包含两个极大模糊独立集 (如 ν_1, ν_2), 那么

$$\rho(\mu) = \rho(\nu_1) = \rho(\nu_2).$$

此外, 通过定理 11.1.4 还可以推出定理 11.1.5.

定理 11.1.5　设 $M = (E, \Psi)$ 是 E 上的一个闭模糊拟阵, $0 = r_0 < r_1 < \cdots < r_n \leqslant 1$ 是拟阵 M 的基本序列, M 的导出拟阵序列为 $\mathrm{M}_{r_1} \supset \mathrm{M}_{r_2} \supset \cdots \supset \mathrm{M}_{r_n}$, 其中 $\mathrm{M}_{r_i} = (E, \mathrm{I}_{r_i})\, (i = 1, 2, \cdots, n)$. 设 ρ 是模糊秩函数, μ 是模糊拟阵 M 的模糊圈, 且 $e \in A = \{x | \mu(x) = m(\mu), x \in E\}, |A| > 1$. 如果存在 r_k, r_j, 使得

$$r_{k-1} < m(\mu) = \mu(e) \leqslant r_k \quad (k = 2, 3, \cdots, n),$$

$$C_{m(\mu)}(\mu) \in \mathrm{I}_{r_j},$$

$$C_{m(\mu)}(\mu) \notin \mathrm{I}_{r_{j+1}} \quad (j = 1, 2, \cdots, k),$$

那么

$$\rho(\mu) = |\mu| - m(\mu) + r_j,$$

且 μ 包含 $|A|$ 个极大模糊独立集. 其中 $|A|$ 是 A 的势.

由定理 11.1.5, 可以得到推论 11.1.1.

推论 11.1.1　设 $M = (E, \Psi)$ 是 E 上的一个闭模糊拟阵, $0 = r_0 < r_1 < \cdots < r_n \leqslant 1$ 是拟阵 M 的基本序列, M 的导出拟阵序列为 $\mathrm{M}_{r_1} \supset \mathrm{M}_{r_2} \supset \cdots \supset \mathrm{M}_{r_n}$, 其中 $\mathrm{M}_{r_i} = (E, \mathrm{I}_{r_i})\, (i = 1, 2, \cdots, n)$. ρ 是模糊

秩函数, 设 μ, ν 是模糊拟阵 M 的模糊圈, $\text{supp}\mu = \text{supp}\nu = A$. 如果有 $e_1 \in A$, 使得

$$m(\mu) = \mu(e_1) \neq \nu(e_1) = m(\nu),$$

且对任意的 $e \in A(e \neq e_1)$, 有

$$\mu(e) = \nu(e),$$

$$\mu(e) > \max\{m(\mu), m(\nu)\},$$

所以

$$\rho(\mu) = \rho(\nu).$$

上述定理是通过模糊圈的 "势" 收缩的方式得到的, 这告诉我们求闭模糊拟阵模糊圈的秩的一个算法. 如下:

模糊圈的秩的算法

问题 设 $M = (E, \Psi)$ 是 E 上的一个闭模糊拟阵, $0 = r_0 < r_1 < \cdots < r_n \leqslant 1$ 是拟阵 M 的基本序列. 假设 M 的导出拟阵为 $M_{r_1} \supset M_{r_2} \supset \cdots \supset M_{r_n}$, 其中 $M_{r_i} = (E, I_{r_i})(i = 1, 2, \cdots, n)$. ρ 是模糊秩函数. 若 $\mu \in F(E)$ 是模糊拟阵 M 的模糊圈, 且

$$R^+(\mu) = \{\beta_1, \beta_2, \cdots, \beta_m\},$$

$$C_{\beta_1}(\mu) \backslash C_{\beta_2}(\mu) = \{e_1, e_2, \cdots, e_k\},$$

其中 $0 < \beta_1 < \beta_2 < \cdots < \beta_m$.

求 $\rho(\mu)$.

算法 11.1.2 (1) 求模糊圈所包含的极大独立集 ν:

(i) 选 $i(i = 1, 2, \cdots, n)$, 使得 $r_{i-1} < \beta_1 \leqslant r_i$. 令 $j = 1$, 转步骤 (ii).

(ii) 令 $\nu(x) = \begin{cases} \mu(x), & x \neq e_j, \\ r_{i-1}, & x = e_j, \end{cases}$ 转步骤 (iii).

(iii) 若 $C_{r_{i-1}}(\nu) \in I_{r_{i-1}}$, 则停止.

若 $C_{r_{i-1}}(\nu) \notin I_{r_{i-1}}$, 则令 $j = j + 1$, 转步骤 (iv).

(iv) 若 $j = k + 1$, 则令 $j = 1$, $i = i - 1$, 转步骤 (v).

若 $j < k+1$, 则转步骤 (ii).

(v) 若 $i = 0$, 则令 $\nu(x) = \begin{cases} \mu(x), & x \neq e_j, \\ r_{i-1}, & x = e_j, \end{cases}$ 停止.

若 $i > 0$, 则转步骤 (2).

(2) 利用算法 11.1.1 求极大独立集 ν 的秩 $\rho(\nu)$.

(3) 求 μ 的秩, 即 $\rho(\mu) = \rho(\nu)$.

说明 如果想得到模糊圈 $\mu(\mu \in F(E))$ 在闭模糊拟阵 $M = (E, \Psi)$ 的秩, 首先, 要得到如算法 11.1.2 所论述的模糊圈 μ 所包含的是极大模糊独立集 ν (不止一个), 然后再利用算法 11.1.1 求得独立集 ν 的秩, 即为模糊圈 μ 的秩.

例 11.1.1 设 $E = \{1, 2, 3, 4\}$, $\mathrm{I}_{\frac{1}{2}} = \{\varnothing, \{1\}, \{2\}, \{3\}, \{4\}, \{1, 2\}, \{1, 3\}, \{1, 4\}\}$, $\mathrm{I}_1 = \{\varnothing, \{1\}, \{1, 3\}\}$, 那么 $\left(E, \mathrm{I}_{\frac{1}{2}}\right)$, (E, I_1) 如定义 3.1.2 所述的导出拟阵, 且 $\mathrm{I}_{\frac{1}{2}} \supset \mathrm{I}_1$.

若对任意的 $r \left(0 < r \leqslant \dfrac{1}{2} \right)$, 令

$$\mathrm{I}_r = \mathrm{I}_{\frac{1}{2}}.$$

若对任意的 $r \left(\dfrac{1}{2} < r \leqslant 1 \right)$, 令

$$\mathrm{I}_r = \mathrm{I}_1.$$

于是令

$$\Psi = \{\mu \in F(E) | C_r(\mu) \in \mathrm{I}_r, 0 < r \leqslant 1\}.$$

则由定理 3.2.1 知, $M = (E, \Psi)$ 是闭模糊拟阵, 且基本序列为 $r_0 = 0$, $r_1 = \dfrac{1}{2}$, $r_2 = 1$, 导出拟阵序列为 $\mathrm{I}_{\frac{1}{2}}, \mathrm{I}_1$.

令模糊集

$$\mu_1(x) = \begin{cases} 1, & x = 1, \\ \dfrac{1}{3}, & x = 2, \\ 0, & x = 3, \\ 0, & x = 4, \end{cases} \qquad \mu_2(x) = \begin{cases} 1, & x = 1, \\ 0, & x = 2, \\ 1, & x = 3, \\ 0, & x = 4. \end{cases}$$

那么 $\mu_1 \in \Psi$, μ_2 是一模糊圈.

对于 μ_1, 由算法 11.1.1 得到

$$\rho(\mu_1) = |\mu_1| = 1 + \frac{1}{3} = \frac{4}{3}.$$

对于 μ_2, 有

$$R^+(\mu_2) = \{1 = r_1\}, \quad C_1(\mu_2) = \{1, 2\}.$$

由算法 11.1.2, 令

$$\nu(x) = \begin{cases} \dfrac{1}{2}, & x = 1, \\ 0, & x = 2, \\ 1, & x = 3, \\ 0, & x = 4, \end{cases}$$

那么 $C_{\frac{1}{2}}(\nu) = \{1, 2\} \in I_{\frac{1}{2}}$.

因此 $\nu \in \psi$ 是一个极大模糊独立集, 其中 $\nu \subset \mu$, 则由算法 11.1.1, 得到

$$\rho(\mu_2) = \rho(\nu) = |\nu| = 1 + \frac{1}{2} = \frac{3}{2}.$$

11.1.3 模糊相关集的秩的算法

根据 5.3 节所描述的模糊相关集的秩的性质, 容易求出模糊相关集的秩, 下面给出模糊相关集的秩的算法.

问题 设 $M = (E, \Psi)$ 是 E 上的闭模糊拟阵, 其基本序列和导出拟阵序列分别为 $0 = r_0 < r_1 < \cdots < r_n \leqslant 1$ 和 $M_{r_1} \supset M_{r_2} \supset \cdots \supset M_{r_n}$(其中, $M_{r_i} = (E, I_{r_i})$, $i = 1, 2, \cdots, n$). 设 $\mu \in F(E)$ 是模糊相关集, 求 $\rho(\mu)$.

算法 11.1.3 (1) 对任意的 $e \in E$, 令

$$\mu(e) = \begin{cases} r_n, & \mu(e) > r_n, \\ \mu(e), & \mu(e) \leqslant r_n \end{cases} \quad (\text{这是一个更新了的 } \mu).$$

计算 $R^+(\mu) = \{\beta_1, \beta_2, \cdots, \beta_m\}$, 其中 $0 < \beta_1 < \beta_2 < \cdots < \beta_m \leqslant r_n$. 令 $i = m$, $A = \varnothing$, 转步骤 (2).

(2) 对 $C_{\beta_i}(\mu)$, 选择 k 和 r_k, 使得

$$r_{k-1} < \beta_i \leqslant r_k, \quad k = 1, 2, \cdots, n.$$

若 $C_{\beta_i}(\mu) \in I_{\beta_i} = I_{r_k}$, 则令 $C = C_{\beta_i}(\mu), i = i - 1.$ 转步骤 (5).

若 $C_{\beta_i}(\mu) \notin I_{r_k}$, 则选择 $C_{\beta_i}(\mu)$ 最大独立子集 B, 使得

$$A \subseteq B, \quad B \in I_{r_k}.$$

(且对任意的 $e \in C_{\beta_i}(\mu) \backslash B$, 有 $B \cup \{e\} \notin I_{\beta_i}.$)

若 $i - 1 = 0$, 则令

$$\nu(x) = \begin{cases} \mu(x), & x \in B \cup (E \backslash C_{\beta_i}(\mu)), \\ r_{k-1}, & x \in C_{\beta_i}(\mu) \backslash B. \end{cases}$$

转步骤 (3).

若 $i - 1 > 0$, 则:

若 $r_{j-1} < \beta_{i-1} \leqslant r_j < \cdots \leqslant r_{k-1} < \beta_i \leqslant r_k (0 < j \leqslant k-1)$, 则令

$$\nu(x) = \begin{cases} \mu(x), & x \in B \cup (E \backslash C_{\beta_i}(\mu)), \\ r_{k-1}, & x \in C_{\beta_i}(\mu) \backslash B. \end{cases}$$

转步骤 (4).

若 $r_{k-1} \leqslant \beta_{i-1} < \beta_i \leqslant r_k$, 则令

$$\nu(x) = \begin{cases} \mu(x), & x \in B \cup (E \backslash C_{\beta_i}(\mu)), \\ \beta_{i-1}, & x \in C_{\beta_i}(\mu) \backslash B. \end{cases}$$

令 $i = i - 1, C = B.$ 对任意的 $e \in E$, 令

$$\mu(e) = \nu(e) \quad (更新\mu, 下同).$$

转步骤 (5).

(3) 若 $k - 1 = 0$, 则对任意的 $e \in E$, 令 $\omega(e) = \nu(e)$, 算法停止.

若 $k - 1 > 0$, 则:

若 $C_{r_{k-1}}(\nu) \in I_{r_{k-1}}$, 则令对任意的 $e \in E$, 令 $\omega(e) = \nu(e)$, 算法停止.

若 $C_{r_{k-1}}(\nu) \notin I_{r_{k-1}}$,则选择 $C \subseteq C_{r_{k-1}}(\nu)$,使得

$$B \subseteq C, \quad C \in I_{r_{k-1}},$$

且对任意的 $e \in C_{r_{k-1}}(\nu) \backslash C$,有

$$C \cup \{e\} \notin I_{r_{k-1}}.$$

令

$$\mu(x) = \begin{cases} \nu(x), & x \in C \cup (E \backslash C_{r_{k-1}}(\nu)), \\ r_{k-2}, & x \in C_{r_{k-1}}(\nu) \backslash C. \end{cases}$$

若 $k - 2 = 0$,则对任意的 $e \in E$,令 $\omega(e) = \nu(e)$,算法停止.

若 $k - 2 > 0$,则对任意的 $e \in E$,令

$$\nu(e) = \mu(e),$$

$$B = C, \quad k = k - 1.$$

转步骤 (3).

(4) 对于 $C_{r_{k-1}}(\nu)$,

若 $C_{r_{k-1}}(\nu) \in I_{r_{k-1}}$,则对任意的 $e \in E$,令 $\mu(e) = \nu(e)$,令

$$C = C_{r_{k-1}}(\nu), \quad i = i - 1.$$

转步骤 (5).

若 $C_{r_{k-1}}(\nu) \notin I_{r_{k-1}}$,则选择 $C_{r_{k-1}}(\nu)$ 的最大独立子集 C,使得

$$B \subseteq C, \quad C \in I_{r_{k-1}}.$$

(对任意的 $e \in C_{r_{k-1}}(\nu) \backslash C$,有 $C \cup \{e\} \notin I_{r_{k-1}}$.)

令

$$\mu'(x) = \begin{cases} \nu(x), & x \in C \cup (E \backslash C_{r_{k-1}}(\nu)), \\ r_{k-2}, & x \in C_{r_{k-1}}(\nu) \backslash C. \end{cases}$$

若 $k - 2 = j$,则:若 $C_{r_{k-2}}(\mu') \in I_{r_{k-2}}$,则对任意的 $e \in E$,令

$$\mu(e) = \mu'(e),$$

且令

$$C = C_{r_{k-2}}(\mu'), \quad i = i - 1.$$

转步骤 (5).

若 $C_{r_{k-2}}(\mu') \notin \mathrm{I}_{r_{k-2}}$, 则选择 $C_{r_{k-2}}(\mu')$ 的最大独立子集 D, 使得

$$C \subseteq D, \quad D \in \mathrm{I}_{r_{k-2}}$$

(对任意的 $e \in C_{r_{k-2}}(\mu') \setminus D$, 有 $D \cup \{e\} \notin \mathrm{I}_{r_{k-2}}$).

令

$$\mu(x) = \begin{cases} \mu'(x), & x \in D \cup (\mathrm{E} \setminus C_{r_{k-2}}(\mu')), \\ \beta_{i-1}, & x \in C_{r_{k-2}}(\mu') \setminus D. \end{cases}$$

令 $i = i - 1, C = D$. 转步骤 (5).

若 $k - 2 > j$, 则令

$$k = k - 1, \quad B = D,$$

且对任意的 $e \in E$, 令 $\nu(e) = \mu'(e)$. 转步骤 (4).

(5) 若 $i = 0$, 则对任意的 $e \in E$, 令 $\omega(e) = \mu(e)$, 算法停止;

若 $i > 0$, 则令 $A = C$, 转步骤 (2).

说明　求闭模糊拟阵 $M = (E, \Psi)$ 的模糊相关集 $\mu \in F(E)$ 的秩, 首先要根据算法 11.1.3 得到被 μ 包含的极大的模糊独立集 ω, 然后根据算法 11.1.1 求得模糊独立集 ω 的秩 $\rho(\omega) = \sum_{x \in E} \omega(x)$, 即模糊相关集 μ 的秩.

11.2　模糊基的生成算法

根据定理 4.2.2, 可以得到从闭模糊拟阵的基本序列求其模糊基的一种算法.

问题　设 $M = (E, \Psi)$ 是一个闭模糊拟阵, $0 = r_0 < r_1 < \cdots < r_n \leqslant 1$ 为 M 的基本序列, 导出拟阵序列为 $\mathrm{M}_{r_1} \supset \mathrm{M}_{r_2} \supset \cdots \supset \mathrm{M}_{r_n}$, 其中 $\mathrm{M}_{r_i} = (E, \mathrm{I}_{r_i}) (i = 1, 2, \cdots, n)$. 求 M 的模糊基.

算法 11.2.1 (1) 任意给出拟阵 $M_{r_1} = (E, I_{r_1})$ 的一个基 B_1, 令 $i = 2$.

(2) 取 B_i 是 B_{i-1} 在 I_{r_i} 中的极大子集, 若 $B_i = \varnothing$, 令

$$\mu(x) = r_{i-1}, \quad x \in B_{i-1},$$

算法停止.

否则, 转步骤 (3).

(3) 若 $i < n$, 则令

$$\mu(x) = r_{i-1}, \quad x \in B_{i-1} \backslash B_i.$$

令 $i = i + 1$, 转步骤 (2).

若 $i = n$, 则令

$$\mu(x) = r_n, \quad x \in B_n,$$

算法停止.

说明 由步骤 (1)、步骤 (2) 得出的 $B_1, B_2, \cdots, B_n$ 满足 B_1 是拟阵 $M_{r_1} = (E, I_{r_1})$ 的一个基, B_i 是 B_{i-1} 在 $I_{r_i}(2 \leqslant i \leqslant n)$ 中的极大子集, 所以, 满足定理 4.2.2 的条件 (3). 由步骤 (2)、步骤 (3) 知

$$R^+(\mu) \subseteq \{r_1, r_2, \cdots, r_n\},$$

且 $B_1 = C_{r_1}(\mu) = \operatorname{supp}\mu$ 是 $M_{r_1} = (E, I_{r_1})$ 的基, 并且对任意的 $r \in R^+(\mu)$, 都有

$$C_r(\mu) \in B_r \in I_r,$$

因而满足条件 (1), (2). 所以, μ 是 M 的模糊基. 并且, 算法可在有限步完成.

例 11.2.1 设 $E = \{1, 2, 3, 4\}$, 令 $I_{\frac{1}{3}} = \{\varnothing, \{1\}, \{2\}, \{3\}, \{4\}, \{1, 2\}, \{1, 3\}, \{1, 4\}, \{2, 3\}, \{2, 4\}, \{3, 4\}, \{1, 2, 3\}, \{1, 2, 4\}, \{1, 3, 4\}, \{2, 3, 4\}\}, I_{\frac{1}{2}} = \{\varnothing, \{1\}, \{2\}, \{3\}, \{4\}, \{1, 2\}, \{1, 3\}, \{1, 4\}, \{2, 3\}, \{2, 4\}, \{3, 4\}, \{1, 2, 3\}, \{1, 2, 4\}, \{1, 3, 4\}\}, I_1 = \{\varnothing, \{1\}, \{2\}, \{3\}, \{1, 2\}, \{1, 3\}, \{2, 3\}, \{1, 2, 3\}\}\}$, 那么 $\left(E, I_{\frac{1}{3}}\right), \left(E, I_{\frac{1}{2}}\right)$ 和 (E, I_1) 都是拟阵, 并且 $I_{\frac{1}{3}} \supset I_{\frac{1}{2}} \supset I_1$.

若当 $0 < r \leqslant \dfrac{1}{3}$ 时, 取 $I_r = I_{\frac{1}{3}}$; 当 $\dfrac{1}{3} < r \leqslant \dfrac{1}{2}$ 时, 取 $I_r = I_{\frac{1}{2}}$; 当 $\dfrac{1}{2} < r \leqslant 1$ 时, 取 $I_r = I_1$. 令

$$\Psi = \{\mu \in F(E) | C_r(\mu) \in I_r, 0 < r \leqslant 1\},$$

则由定理 3.2.1 知, $M = (E, \Psi)$ 是一个闭模糊拟阵, 其基本序列为 $r_0 = 0, r_1 = \dfrac{1}{3}, r_2 = \dfrac{1}{2}, r_3 = 1$, 导出拟阵序列为 $I_{\frac{1}{3}} \supset I_{\frac{1}{2}} \supset I_1$.

考虑拟阵 $\left(E, I_{\frac{1}{3}}\right)$ 的基 $\{1,2,3\}, \{1,2,4\}, \{1,3,4\}, \{2,3,4\}$.

对于 $\{1,2,3\}$, 因为它也是 $\left(E, I_{\frac{1}{2}}\right)$ 和 (E, I_1) 的基, 所以, 根据算法可得模糊集

$$\mu(x) = \begin{cases} 1, & x = 1, \\ 1, & x = 2, \\ 1, & x = 3, \\ 0, & x = 4, \end{cases}$$

则由推论 4.2.2 知, μ 是 M 的一个模糊基.

对于拟阵 $\left(E, I_{\frac{1}{3}}\right)$ 的基 $\{1,2,4\}$, 按照算法可求得其对应的模糊基为

$$\mu(x) = \begin{cases} 1, & x = 1, \\ 1, & x = 2, \\ 0, & x = 3, \\ \dfrac{1}{2}, & x = 4. \end{cases}$$

对于拟阵 $\left(E, I_{\frac{1}{3}}\right)$ 的基 $\{1,3,4\}$, 按照算法可求得其对应的模糊基为

$$\pi(x) = \begin{cases} 1, & x = 1, \\ 0, & x = 2, \\ 1, & x = 3, \\ \dfrac{1}{2}, & x = 4. \end{cases}$$

对于拟阵 $\left(E, I_{\frac{1}{3}}\right)$ 的基 $\{2,3,4\}$, 按照算法可求得其对应的模糊

基为

$$\nu_1(x) = \begin{cases} 0, & x = 1, \\ 1, & x = 2, \\ 1, & x = 3, \\ \dfrac{1}{3}, & x = 4, \end{cases} \qquad \nu_2(x) = \begin{cases} 0, & x = 1, \\ 1, & x = 2, \\ \dfrac{1}{3}, & x = 3, \\ \dfrac{1}{2}, & x = 4, \end{cases} \qquad \nu_3(x) = \begin{cases} 0, & x = 1, \\ \dfrac{1}{3}, & x = 2, \\ 1, & x = 3, \\ \dfrac{1}{2}, & x = 4. \end{cases}$$

11.3　模糊圈的生成算法

已知一个模糊集, 可以从两个方向得到模糊圈, 由此所生成的算法分别称为缩小算法和扩大算法.

11.3.1　模糊圈的缩小算法

根据定理 5.2.7, 可以得出由闭模糊拟阵的模糊相关集得到模糊圈的算法, 并称这个算法为闭模糊拟阵模糊相关集的支撑集的缩小算法, 简称 (闭模糊拟阵模糊的) 缩小算法.

问题　设 $M = (E, \Psi)$ 是一个闭模糊拟阵, $0 = r_0 < r_1 < \cdots < r_n \leqslant 1$ 为 M 的基本序列, 导出拟阵序列为 $\mathrm{M}_{r_1} \supset \mathrm{M}_{r_2} \supset \cdots \supset \mathrm{M}_{r_n}$, 其中 $\mathrm{M}_{r_i} = (E, \mathrm{I}_{r_i})\,(i = 1, 2, \cdots, n)$. 设 $\mu \in F(E)$ 为 M 的模糊相关集, 设 $m(\mu) = \beta_1 \leqslant r_n$, 且

$$R^+(\mu) = \{\beta_1, \beta_2, \cdots, \beta_p\} \quad (0 = \beta_1 < \beta_2 < \cdots < \beta_p \leqslant 1).$$

缩小算法 11.3.1　(1) 给出模糊相关集 μ, 计算 $C_{m(\mu)} = \mathrm{supp}\mu$, 并确定 r_i, 使得

$$r_{i-1} < m(\mu) \leqslant r_i.$$

(2) 取出 M_{r_i} 中被 $\mathrm{supp}\mu$ 包含的圈 $C_1, C_2, \cdots, C_m$.

(3) 设 $1 \leqslant i \leqslant m$, 当 $\inf\{\mu(x) \mid x \in C_i\} = \beta_1$ 时, 令

$$\mu_i(x) = \begin{cases} \mu(x), & x \in C_i \text{ 且 } \mu(x) \leqslant r_n, \\ r_n, & x \in C_i \text{ 且 } \mu(x) > r_n, \\ 0, & x \notin C_i. \end{cases}$$

当 $\inf\{\mu(x)\,|\,x\in C_i\}>\beta_1$ 时, 令

$$\mu_i(x)=\begin{cases}\beta_1, & x\in C_i \text{ 且 } \mu(x)=\inf\{\mu(x)\,|\,x\in C_i\},\\ \mu(x), & x\in C_i \text{ 且 } \inf\{\mu(x)\,|\,x\in C_i\}<\mu(x)\leqslant r_n,\\ r_n, & x\in C_i \text{ 且 } \mu(x)>r_n,\\ 0, & x\notin C_i.\end{cases}$$

设 $R^+(\mu_i)=\{\beta_1^i,\beta_2^i,\cdots,\beta_k^i\}$ $(\beta_1^i<\beta_2^i<\cdots<\beta_k^i)$, 则

$$\{\beta_1^i,\beta_2^i,\cdots,\beta_k^i\}\subset\{\beta_1,\beta_2,\cdots,\beta_p\},$$

$$\beta_1=\beta_1^i<\beta_2^i<\cdots<\beta_k^i\leqslant r_n.$$

令 $s=1,t=2$.

(4) 若 $C_{\beta_t^s}(\mu_s)\in \mathrm{I}_{\beta_t^s}=\mathrm{I}_{r_t^s}$, 其中 $r_{t-1}^s<\beta_t^s\leqslant r_t^s$, $r_{t-1}^s,r_t^s\in\{r_1,r_2,\cdots,r_n\}$, 则令 $t=t+1$, 转步骤 (5), 否则转步骤 (6).

(5) 若 $t\leqslant k$, 则转步骤 (4), 否则, 令 $\omega_s=\mu_s$, $s=s+1$.

若 $s\leqslant m$, 则转步骤 (4), 否则算法停止.

(6) 若存在 $C_{\beta_t^s}(\mu_s)\backslash C_{\beta_{t+1}^s}(\mu_s)$ 的极小非空子集 $B_{\beta_t^s}$, 使得

$$C_{\beta_t^s}(\mu_s)\backslash B_{\beta_t^s}\in \mathrm{I}_{\beta_t^s}=\mathrm{I}_{r_t^s},$$

则令

$$\mu_s(x)=\begin{cases}\mu_s(x), & x\in C_{\beta_1^s}(\mu)\backslash B_{\beta_t^s},\\ \beta_{t-1}^s, & x\in B_{\beta_t^s}.\end{cases}$$

令 $t=t+1$, 转步骤 (7).

否则, 当 $B_{\beta_t^s}=C_{\beta_t^s}(\mu_s)\backslash C_{\beta_{t+1}^s}(\mu_s)$, $C_{\beta_t^s}(\mu_s)\backslash B_{\beta_t^s}\notin \mathrm{I}_{\beta_t^s}=\mathrm{I}_{r_t^s}$, 令

$$\mu_s(x)=\begin{cases}\mu_s(x), & x\in C_{\beta_1^s}(\mu)\backslash B_{\beta_t^s},\\ \beta_{t-1}^s, & x\in B_{\beta_t^s}.\end{cases}$$

令 $t=t+1$, 若 $t\leqslant k$, 则转步骤 (6), 否则令 $\omega_s=\mu_s$, 转步骤 (8).

(7) 若 $t\leqslant k$, 则转步骤 (4), 否则令 $\omega_s=\mu_s$, 转步骤 (8).

(8) 令 $s=s+1$, 若 $s\leqslant m$, 则转步骤 (4), 否则算法停止.

说明   由假设 $m(\mu) = \beta_1 \leqslant r_n$, 所以存在 r_i, 使得

$$r_{i-1} < m(\mu) \leqslant r_i,$$

因而步骤 (1) 成立.

由定理 5.1.1 知, 模糊相关集 μ 必含模糊圈, 再由定理 5.2.7 知, 这些模糊圈的支撑集是 M_{r_i} 的圈, 所以 $\text{supp}\mu$ 包含了 M_{r_i} 的圈 $C_1, C_2, \cdots, C_m$. 因而步骤 (2) 成立.

步骤 (3) 是由 μ 求出 m 个模糊集 $\mu_i(1 \leqslant i \leqslant m)$, 并对每一个 μ_i, 都有

$$\inf\{\mu_i(x) | x \in C_i\} = \beta_1^i = \beta_1, \quad \beta_1^i < r_n,$$

且满足 $C_{\beta_1^i}(\mu_i) = \text{supp}u_i(1 \leqslant i \leqslant m)$ 是 M_{r_i} 的圈, 从而满足了定理 5.2.7 的第一个条件.

步骤 (4)、步骤 (5) 说明, 对每一 $\beta_t^s(1 < t \leqslant k)$ 满足条件 $C_{\beta_t^s}(\mu_s) \in I_{\beta_t^s} = I_{r_t^s}$ (即满足定理 5.2.7 的第二个条件) 的 μ_s 是模糊圈, 然后, 把所求的模糊圈用 ω_s 来表示, 即 $\omega_s = \mu_s$.

步骤 (6)、步骤 (7) 是对不满足条件 $C_{\beta_t^s}(\mu_s) \in I_{\beta_t^s} = I_{r_t^s}$ 的 $\beta_t^s(1 < t \leqslant k)$, 通过取出函数值等于 β_t^s 的部分或全部 $x \in E$ 的集合 $B_{\beta_t^s}$, 使得

$$C_{\beta_t^s}(\mu_s) \backslash B_{\beta_t^s} \in I_{\beta_t^s} = I_{r_t^s},$$

并令 $\mu_s(x) = \beta_{t-1}^s, x \in B_{\beta_t^s}$, 从而使得 $\beta_t^s(1 < t \leqslant k)$, 满足条件

$$C_{\beta_t^s}(\mu_s) \in I_{\beta_t^s} = I_{r_t^s},$$

然后, 把所求的模糊圈用 ω_s 来表示, 即 $\omega_s = \mu_s$.

若当 $C_{\beta_t^s}(\mu_s) \backslash C_{\beta_{t+1}^s}(\mu_s) = B_{\beta_t^s}, C_{\beta_t^s}(\mu_s) \backslash B_{\beta_t^s} \notin I_{\beta_t^s} = I_{r_t^s}$ 时, 则令

$$\mu_s(x) = \begin{cases} \mu_s(x), & x \in C_{\beta_1^s}(\mu) \backslash B_{\beta_t^s}, \\ \beta_{t-1}^s, & x \in B_{\beta_t^s}. \end{cases}$$

此时的 $\beta_t^s \notin R^+(\mu_s)$, 因此应接着研究原来 $R^+(\mu_s)$ 中的 β_t^s 下一个值. 于是令 $t = t+1$, 此时的 β_t^s 也不满足条件

$$C_{\beta_t^s}(\mu_s) \in I_{\beta_t^s} = I_{r_t^s}.$$

因此, 若当 $t \leqslant k$ 时, 只需转步骤 (6), 否则, μ_s 就是模糊圈, 然后, 把所求的模糊圈用 ω_s 来表示, 即 $\omega_s = \mu_s$.

步骤 (5)、步骤 (7)、步骤 (8) 是通过循环以保证每个 $\beta \in R^+(\mu_1)(\beta > \beta_1)$ 及每个 μ_i 都被考虑, 最终求出 μ 所包含的 m 个模糊圈 $\omega_1, \omega_2, \cdots, \omega_m$.

例 11.3.1 设 $E = \{1, 2, 3, 4\}$, $I_{\frac{1}{2}} = \{\varnothing, \{1\}, \{2\}, \{3\}, \{4\}, \{1, 2\}, \{1, 3\}, \{1, 4\}\}$, $I_1 = \{\varnothing, \{1\}, \{3\}, \{1, 3\}\}$. 那么, $\left(E, I_{\frac{1}{2}}\right)$ 和 (E, I_1) 是普通拟阵, 并且 $I_{\frac{1}{2}} \supset I_1$.

当 $0 < r \leqslant \dfrac{1}{2}$ 时, 取 $I_r = I_{\frac{1}{2}}$; 当 $\dfrac{1}{2} < r \leqslant 1$ 时, 取 $I_r = I_1$.

令

$$\Psi = \{\mu \in F(E) | C_r(\mu) \in I_r, 0 < r \leqslant 1\},$$

则由定理 5.2.3 知, $M = (E, \Psi)$ 是一个闭模糊拟阵, 其导出拟阵序列为 $I_{\frac{1}{2}} \supset I_1$. 基本序列为 $r_0 = 0, r_1 = \dfrac{1}{2}, r_2 = 1$,

设模糊集

$$\mu(x) = \begin{cases} \dfrac{1}{2}, & x = 1, \\ \dfrac{1}{2}, & x = 2, \\ 1, & x = 3, \\ \dfrac{2}{3}, & x = 4, \end{cases}$$

则 μ 是 $M = (E, \Psi)$ 的一个模糊相关集, μ 的支撑集 $\mathrm{supp}\mu = \{1, 2, 3, 4\}$, $m(\mu) = r_1 = \dfrac{1}{2}$, 于是求得 $\left(E, I_{\frac{1}{2}}\right)$ 中 $\mathrm{supp}\mu$ 所含的圈为

$$C_1 = \{2, 3\}, \quad C_2 = \{2, 4\}, \quad C_3 = \{3, 4\}.$$

令

$$\mu_1(x) = \begin{cases} 0, & x = 1, \\ \dfrac{1}{2}, & x = 2, \\ 1, & x = 3, \\ 0, & x = 4, \end{cases} \qquad \mu_2(x) = \begin{cases} 0, & x = 1, \\ \dfrac{1}{2}, & x = 2, \\ 0, & x = 3, \\ \dfrac{2}{3}, & x = 4, \end{cases}$$

$$\mu_3(x) = \begin{cases} 0, & x = 1, \\ 0, & x = 2, \\ 1, & x = 3, \\ \dfrac{2}{3}, & x = 4, \end{cases}$$

且 $\operatorname{supp}\mu_1 = C_1 = \{2,3\}$, $\operatorname{supp}\mu_2 = C_2 = \{2,4\}$, $\operatorname{supp}\mu_3 = C_3 = \{3,4\}$.

对 μ_1, 因为 $m(\mu_1) = r_1 = \dfrac{1}{2}$, $R^+(\mu_1) = \left\{\dfrac{1}{2}, 1\right\}$, $C_1(\mu) = \{3\} \in \mathrm{I}_1$, 所以 μ_1 为所求的模糊圈, 令 $\omega_1 = \mu_1$.

对 μ_2, 因为 $m(\mu_2) = r_1 = \dfrac{1}{2}$, $R^+(\mu_2) = \left\{\dfrac{1}{2}, \dfrac{2}{3}\right\}$, $C_{\frac{2}{3}}(\mu_2) = \{4\}$, 而 $\{4\} \notin \mathrm{I}_1$, 所以变原来的 μ_2 为

$$\mu_2(x) = \begin{cases} 0, & x = 1, \\ \dfrac{1}{2}, & x = 2, \\ 0, & x = 3, \\ \dfrac{1}{2}, & x = 4, \end{cases}$$

所以, 此时的 μ_2 为所求的模糊圈, 令 $\omega_2 = \mu_2$.

对 μ_3, 因为 $m(\mu_3) = \dfrac{2}{3} > \dfrac{1}{2}$, 变原来的 μ_3 为

$$\mu_3(x) = \begin{cases} 0, & x = 1, \\ 0, & x = 2, \\ 1, & x = 3, \\ \dfrac{1}{2}, & x = 4, \end{cases}$$

且 $R^+(\mu_3) = \left\{\dfrac{1}{2}, 1\right\}$, $C_1(\mu) = \{3\} \in \mathrm{I}_1$, 所以此时的 μ_3 为所求的模糊圈, 令 $\omega_3 = \mu_3$.

显然, $\omega_1 < \mu$, $\omega_2 < \mu$, $\omega_3 < \mu$, 因此, μ 所包含的模糊圈 $\omega_1, \omega_2, \omega_3$ 为所求模糊圈.

11.3.2 闭模糊拟阵模糊圈的扩大算法

前面研究了从闭模糊拟阵的模糊相关集得到模糊圈的缩小算法. 接

下来, 将研究从闭模糊拟阵的模糊独立集得到模糊圈的算法, 我们称这个算法为扩大算法. 首先, 研究关于该算法的理论依据.

定理 11.3.1 $M = (E, \Psi)$ 是一个闭模糊拟阵, $0 = r_0 < r_1 < \cdots < r_n \leqslant 1$ 为 M 的基本序列, 其导出拟阵序列为 $\mathrm{M}_{r_1} \supset \mathrm{M}_{r_2} \supset \cdots \supset \mathrm{M}_{r_n}$, 其中 $\mathrm{M}_{r_i} = (E, \mathrm{I}_{r_i}) \, (i = 1, 2, \cdots, n)$. 设 $\mu \in F(E)$, 且 $\mu \in \Psi$, 则

(1) 存在 $r_i (i = 1, 2, \cdots, n)$, 使得

$$r_{i-1} < m(\mu) \leqslant r_i.$$

(2) 若有 $\mathrm{M}_{r_i} = (E, \mathrm{I}_{r_i}) \, (i = 1, 2, \cdots, n)$ 的圈 C, 使得

$$\mathrm{supp}\, \mu \subseteq C,$$

则存在模糊圈 $\omega \in F(E)$, 使得 $\mu < \omega$.

证明   (1) 因 $M = (E, \Psi)$ 是一个闭模糊拟阵, 由定理 3.2.3 知, 存在 M 的模糊基 ν, 使得

$$\mu \leqslant \nu,$$

再由定理 4.1.2 有

$$R^+(\nu) \subseteq \{r_1, r_2, \cdots, r_n\},$$

所以, 对任意的 $x \in E$, 都有

$$\mu(x) \leqslant \nu(x) \leqslant r_n,$$

尤其 $m(\mu) \leqslant r_n$, 所以, 存在 $r_i (1 \leqslant i \leqslant n)$, 使得 $r_{i-1} < m(\mu) \leqslant r_i$.

(2) 由 (1) 及 M 是闭模糊拟阵知

$$\mathrm{I}_{m(\mu)} = \mathrm{I}_{r_i}.$$

由 $\mu \in \Psi$ 及定理 3.2.1 知, 对任意的 $r \in R^+(\mu)$, 都有

$$C_r(\mu) \in \mathrm{I}_r,$$

所以

$$\mathrm{supp}\, \mu = C_{m(\mu)} \in \mathrm{I}_{m(\mu)} = \mathrm{I}_{r_i}.$$

结合已知条件, 构造模糊集 ω, 使得

$$\operatorname{supp} \omega = C.$$

并取

$$\omega(\mu) = \begin{cases} \mu(x), & x \in \operatorname{supp} \mu, \\ m(\mu), & x \in C\backslash \operatorname{supp}\mu. \end{cases}$$

则 $R^+(\omega) = R^+(\mu)$, $r_{i-1} < m(\omega) = m(\mu) \leqslant r_i$, $\operatorname{supp}\omega = C$ 是 M_{r_i} 的圈. 又因 $\operatorname{supp}\mu \subseteq V \subseteq \operatorname{supp}\omega$, 所以 $\operatorname{supp}\mu \subset \operatorname{supp}\omega$, 进而有 $\mu < \omega$. 因为 $C_{m(\omega)}(\omega) = C$ 是 M_{r_1} 圈, 又对任意的 $\beta \in R^+(\omega) = R^+(\mu)$, $\beta > m(\mu)$, 都有 $\beta \leqslant r_n$, 且 $C_\beta(\omega) = C_\beta(\mu) \in I_\beta$, 所以由定理 5.2.7 有, ω 是 $M = (E, \Psi)$ 的模糊圈.

下面根据定理 11.3.1 给出由闭模糊拟阵的模糊独立集得到模糊圈的算法 (其正确性由定理 11.3.1 保证), 称这个算法为闭模糊拟阵模糊独立集的支撑集的扩大算法, 简称 (闭模糊拟阵的) 扩大算法.

问题　设 $M = (E, \Psi)$ 是一个闭模糊拟阵, $0 = r_0 < r_1 < \cdots < r_n \leqslant 1$ 为 M 的基本序列, 导出拟阵序列为 $M_{r_1} \supset M_{r_2} \supset \cdots \supset M_{r_n}$, 其中 $M_{r_i} = (E, I_{r_i})\,(i = 1, 2, \cdots, n)$. 设 $\mu \in F(E)$ 为 M 的模糊独立集, $R^+(\mu) = \{\beta_1, \beta_2, \cdots, \beta_m\}$, 其中 $0 < \beta_1 < \beta_2 < \cdots < \beta_m \leqslant 1$ (由定理 11.3.2 知, $\beta_m \leqslant r_n$).

扩大算法 11.3.2　(1) 给出模糊独立集 μ, 计算 $\operatorname{supp}\mu$, $m(\mu)$, 求 r_i, 使得

$$r_{i-1} < m(\mu) \leqslant r_i \quad (1 \leqslant i \leqslant n).$$

(2) 确定包含 $\operatorname{supp}\mu$ 的 M_{r_i} 中的圈 $C_1, C_2, \cdots, C_k$, 令 $s = 1$.

(3) 令

$$\omega_s(x) = \begin{cases} \mu(x), & x \in \operatorname{supp}\mu, \\ m(\mu), & x \in C_s\backslash \operatorname{supp}\mu. \end{cases}$$

令 $s = s + 1$, 转步骤 (4).

(4) 若 $s \leqslant k$, 则转步骤 (3), 否则, 算法停止.

例 11.3.2　设 $E = \{1, 2, 3, 4\}$, $I_{\frac{1}{2}} = \{\varnothing, \{1\}, \{2\}, \{3\}, \{4\}, \{1,2\}, \{1,3\}, \{1,4\}\}$, $I_{\frac{1}{3}} = \{\varnothing, \{1\}, \{2\}, \{3\}, \{4\}, \{1,2\}, \{1,3\}, \{1,4\}, \{2,3\},$

$\{2,4\},\{3,4\}\}, \mathrm{I}_1 = \{\varnothing, \{1\}, \{3\}, \{1,3\}\}$. 则 $\left(E, \mathrm{I}_{\frac{1}{3}}\right)$, $\left(E, \mathrm{I}_{\frac{1}{2}}\right)$ 和 (E, I_1) 都是拟阵, 并且 $\mathrm{I}_{\frac{1}{3}} \supset \mathrm{I}_{\frac{1}{2}} \supset \mathrm{I}_1$. 若

$$\text{当 } 0 < r \leqslant \frac{1}{3} \text{ 时, 取 } \mathrm{I}_r = \mathrm{I}_{\frac{1}{3}};$$

$$\text{当 } \frac{1}{3} < r \leqslant \frac{1}{2}, \text{ 取 } \mathrm{I}_r = \mathrm{I}_{\frac{1}{2}};$$

$$\text{当 } \frac{1}{2} < r \leqslant 1 \text{ 时, 取 } \mathrm{I}_r = \mathrm{I}_1.$$

令

$$\Psi = \{\mu \in F(E) \mid C_r(\mu) \in \mathrm{I}_r, 0 < r \leqslant 1\},$$

则由定理 3.2.1 知, $M = (E, \Psi)$ 是一个闭模糊拟阵, 其导出拟阵序列为 $\mathrm{I}_{\frac{1}{3}} \supset \mathrm{I}_{\frac{1}{2}} \supset \mathrm{I}_1$, 基本序列为 $r_0 = 1, r_1 = \frac{1}{3}, r_2 = \frac{1}{2}, r_3 = 1$.

设模糊集

$$\mu(x) = \begin{cases} 0, & x = 1, \\ \dfrac{1}{2}, & x = 2, \\ 0, & x = 3, \\ 0, & x = 4, \end{cases}$$

则 μ 是 M 的一个模糊独立集, 且 μ 的支撑集 $\mathrm{supp}\mu = \{2\}$, $m(\mu) = r_2 = \dfrac{1}{2}$, 拟阵 $\left(E, \mathrm{I}_{\frac{1}{2}}\right)$ 中包含 $\mathrm{supp}\mu = \{2\}$ 的圈有 $\{2,3\}$ 和 $\{2,4\}$, 于是令

$$\omega_1(x) = \begin{cases} 0, & x = 1, \\ \dfrac{1}{2}, & x = 2, \\ \dfrac{1}{2}, & x = 3, \\ 0, & x = 4, \end{cases} \qquad \omega_2(x) = \begin{cases} 0, & x = 1, \\ \dfrac{1}{2}, & x = 2, \\ 0, & x = 3, \\ \dfrac{1}{2}, & x = 4, \end{cases}$$

则 ω_1, ω_2 是所求的模糊圈.

第 12 章 G-V 模糊拟阵的推广

G-V 模糊拟阵可以在直觉模糊集上进行推广. 本章首先在直觉模糊数的精确函数 H 与相似函数 h 的基础上, 定义了直觉模糊数的取大取小运算, 接着给出了 G-V 直觉模糊拟阵的定义和相关性质. 然后给出了 G-V 直觉模糊拟阵的导出拟阵序列及相应的性质, 以及 G-V 直觉模糊拟阵的秩函数及其性质.

12.1 直觉模糊集的相关运算

模糊数在比较大小上比较简单, 一般的隶属度就可以比较直观地得出结论. 但对与直觉模糊数的比较, 就显得不是那么容易了. 这方面许多专家都提出过相应的比较方法, 如得分函数、精确函数、相似函数等.

首先, 在精确函数和相似函数的基础上, 我们将介绍下列运算方法.

定义 12.1.1 令 E 是一个有限集, 且 $(\mu_\alpha, \pi_\alpha), (\mu_\beta, \pi_\beta) \in \mathrm{IFS}(E)$ 是直觉模糊集, 则有以下性质:

(1) $h(\mu_\alpha, \pi_\alpha) \leqslant h(\mu_\beta, \pi_\beta) : h(\mu_\alpha(x), \pi_\alpha(x)) \leqslant h(\mu_\beta(x), \pi_\beta(x))$ 成立, 其中任意 $x \in E$.

$h(\mu_\alpha, \pi_\alpha) = h(\mu_\beta, \pi_\beta) : h(\mu_\alpha(x), \pi_\alpha(x)) = h(\mu_\beta(x), \pi_\beta(x))$ 成立, 其中任意 $x \in E$.

$h(\mu_\alpha, \pi_\alpha) < h(\mu_\beta, \pi_\beta)$: 若 $h(\mu_\alpha, \pi_\alpha) \leqslant h(\mu_\beta, \pi_\beta)$, 且存在某一个 $x \in E$ 使得

$$h(\mu_\alpha(x), \pi_\alpha(x)) < h(\mu_\beta(x), \pi_\beta(x)).$$

(2) $H(\mu_\alpha, \pi_\alpha) \leqslant H(\mu_\beta, \pi_\beta) : H(\mu_\alpha(x), \pi_\alpha(x)) \leqslant H(\mu_\beta(x), \pi_\beta(x))$ 成立, 其中任意 $x \in E$.

$H(\mu_\alpha, \pi_\alpha) = H(\mu_\beta, \pi_\beta) : H(\mu_\alpha(x), \pi_\alpha(x)) = H(\mu_\beta(x), \pi_\beta(x))$ 成立, 其中任意 $x \in E$.

$H\left(\mu_{\alpha}, \pi_{\alpha}\right) < H\left(\mu_{\beta}, \pi_{\beta}\right)$: 若 $H\left(\mu_{\alpha}, \pi_{\alpha}\right) \leqslant H\left(\mu_{\beta}, \pi_{\beta}\right)$, 且存在某一个 $x \in E$ 使得

$$H\left(\mu_{\alpha}\left(x\right), \pi_{\alpha}\left(x\right)\right) < H\left(\mu_{\beta}\left(x\right), \pi_{\beta}\left(x\right)\right).$$

(3) $\left(\mu_{\alpha}, \pi_{\alpha}\right) \preccurlyeq \left(\mu_{\beta}, \pi_{\beta}\right)$: $h\left(\mu_{\alpha}, \pi_{\alpha}\right) \leqslant h\left(\mu_{\beta}, \pi_{\beta}\right)$, 且 $H\left(\mu_{\alpha}, \pi_{\alpha}\right) \leqslant H\left(\mu_{\beta}, \pi_{\beta}\right)$.

$\left(\mu_{\alpha}, \pi_{\alpha}\right) \prec \left(\mu_{\beta}, \pi_{\beta}\right)$: $h\left(\mu_{\alpha}, \pi_{\alpha}\right) < h\left(\mu_{\beta}, \pi_{\beta}\right)$ 且 $H\left(\mu_{\alpha}, \pi_{\alpha}\right) \leqslant H\left(\mu_{\beta}, \pi_{\beta}\right)$.

$\left(\mu_{\alpha}, \pi_{\alpha}\right) = \left(\mu_{\beta}, \pi_{\beta}\right)$: $h\left(\mu_{\alpha}, \pi_{\alpha}\right) = h\left(\mu_{\beta}, \pi_{\beta}\right)$ 且 $H\left(\mu_{\alpha}, \pi_{\alpha}\right) = H\left(\mu_{\beta}, \pi_{\beta}\right)$.

(4) $H_{\left(\mu_{\alpha}, \pi_{\alpha}\right)}\left(x\right) = H\left(\mu_{\alpha}\left(x\right), \pi_{\alpha}\left(x\right)\right), x \in E$.

(5) $h_{\left(\mu_{\alpha}, \pi_{\alpha}\right)}\left(x\right) = h\left(\mu_{\alpha}\left(x\right), \pi_{\alpha}\left(x\right)\right), x \in E$.

(6) $\operatorname{supp}\left(\mu_{\alpha}, \pi_{\alpha}\right) = \left\{x \in E \,|\, h\left(\mu_{\alpha}\left(x\right), \pi_{\alpha}\left(x\right)\right) > 0\right\}$.

(7) $m\left(\mu_{\alpha}, \pi_{\alpha}\right) = \inf\left\{h\left(\mu_{\alpha}\left(x\right), \pi_{\alpha}\left(x\right)\right) \,|\, x \in \operatorname{supp}\left(\mu_{\alpha}, \pi_{\alpha}\right)\right\}$.

(8) $C_{r}\left(\mu_{\alpha}, \pi_{\alpha}\right) = \left\{x \in E \,|\, h\left(\mu_{\alpha}\left(x\right), \pi_{\alpha}\left(x\right)\right) \geqslant r\right\}$, 其中 $0 < r \leqslant 1$.

(9) 称 $R^{+}\left(\mu_{\alpha}, \pi_{\alpha}\right) = \left\{h\left(\mu_{\alpha}\left(x\right), \pi_{\alpha}\left(x\right)\right) \,|\, h\left(\mu_{\alpha}\left(x\right), \pi_{\alpha}\left(x\right)\right) > 0, x \in E\right\}$ 为 $\left(\mu_{\alpha}, \pi_{\alpha}\right)$ 的 h-值域.

(10) $\left|\left(\mu_{\alpha}, \pi_{\alpha}\right)\right| = \sum\limits_{x \in E} h\left(\mu_{\alpha}\left(x\right), \pi_{\alpha}\left(x\right)\right)$ 称为一个直觉模糊集 $\left(\mu_{\alpha}, \pi_{\alpha}\right)$ 的 "h-基数".

基于以上表示, 下面定义了两个直觉模糊集的并与交如下.

定义 12.1.2　令 $\left(\mu_{\alpha}, \pi_{\alpha}\right), \left(\mu_{\beta}, \pi_{\beta}\right)$ 是两个直觉模糊集, $\left(\mu_{\gamma}, \pi_{\gamma}\right)$ 和 $\left(\mu_{\omega}, \pi_{\omega}\right)$ 分别称为 $\left(\mu_{\alpha}, \pi_{\alpha}\right)$ 与 $\left(\mu_{\beta}, \pi_{\beta}\right)$ 的并和交 (也称为取大和取小), 其中 $\left(\mu_{\gamma}, \pi_{\gamma}\right) = \left(\mu_{\alpha}, \pi_{\alpha}\right) \vee \left(\mu_{\beta}, \pi_{\beta}\right), \left(\mu_{\omega}, \pi_{\omega}\right) = \left(\mu_{\alpha}, \pi_{\alpha}\right) \wedge \left(\mu_{\beta}, \pi_{\beta}\right)$ 分别定义为

$$\left(\mu_{\gamma}\left(x\right), \pi_{\gamma}\left(x\right)\right) = \begin{cases} \left(\mu_{\alpha}\left(x\right), \pi_{\alpha}\left(x\right)\right), & h_{\left(\mu_{\alpha}, \pi_{\alpha}\right)}\left(x\right) \geqslant h_{\left(\mu_{\beta}, \pi_{\beta}\right)}\left(x\right) \\ & \quad 且 H_{\left(\mu_{\alpha}, \pi_{\alpha}\right)}\left(x\right) \geqslant H_{\left(\mu_{\beta}, \pi_{\beta}\right)}\left(x\right), \\ \left(\mu_{\alpha}\left(x\right), \pi_{\alpha}\left(x\right)\right) \text{ 或 } \left(\mu_{\beta}\left(x\right), \pi_{\beta}\left(x\right)\right), & \\ & \quad h_{\left(\mu_{\alpha}, \pi_{\alpha}\right)}\left(x\right) = h_{\left(\mu_{\beta}, \pi_{\beta}\right)}\left(x\right) \\ & \quad 且 H_{\left(\mu_{\alpha}, \pi_{\alpha}\right)}\left(x\right) = H_{\left(\mu_{\beta}, \pi_{\beta}\right)}\left(x\right). \end{cases}$$

$$(\mu_\omega(x), \pi_\omega(x)) = \begin{cases} (\mu_\beta(x), \pi_\beta(x)), & h_{(\mu_\alpha, \pi_\alpha)}(x) \geqslant h_{(\mu_\beta, \pi_\beta)}(x), \\ & H_{(\mu_\alpha, \pi_\alpha)}(x) \geqslant H_{(\mu_\beta, \pi_\beta)}(x), \\ (\mu_\alpha(x), \pi_\alpha(x)) \text{ 或 } (\mu_\beta(x), \pi_\beta(x)), \\ & h_{(\mu_\alpha, \pi_\alpha)}(x) = h_{(\mu_\beta, \pi_\beta)}(x), \\ & H_{(\mu_\alpha, \pi_\alpha)}(x) = H_{(\mu_\beta, \pi_\beta)}(x). \end{cases}$$

12.2 G-V 直觉模糊拟阵的概念

基于文献 [34] 的启发, 结合上述的模糊集的基本运算以及交与并的定义. 下面我们给出了 G-V 直觉模糊拟阵的概念.

定义 12.2.1 令 E 是一个有限集, 且令 $\Psi \subseteq \mathrm{IFS}(E)$ 是一非空直觉模糊集族. 若 (E, Ψ) 满足下列条件:

(1) 如果 $(\mu_\alpha, \pi_\alpha) \in \Psi, (\mu_\beta, \pi_\beta) \in \mathrm{IFS}(E)$, 且 $(\mu_\beta, \pi_\beta) \prec (\mu_\alpha, \pi_\alpha)$, 那么 $(\mu_\beta, \pi_\beta) \in \Psi$.

(2) 如果 $(\mu_\alpha, \pi_\alpha), (\mu_\beta, \pi_\beta) \in \Psi$, 且 $|\mathrm{supp}(\mu_\alpha, \pi_\alpha)| < |\mathrm{supp}(\mu_\beta, \pi_\alpha)|$, 那么存在 $(\mu_\omega, \pi_\omega) \in \Psi$ 使得

(a) $(\mu_\alpha, \pi_\alpha) \prec (\mu_\omega, \pi_\omega) \preccurlyeq (\mu_\alpha, \pi_\alpha) \vee (\mu_\beta, \pi_\beta)$,

(b) $m(\mu_\omega, \pi_\omega) \geqslant \min\{m(\mu_\alpha, \pi_\alpha), m(\mu_\beta, \pi_\beta)\}$,

则称 (E, Ψ) 是 G-V 直觉模糊拟阵, 记为 $\mathrm{IFM} = (E, \Psi)$.

对于一个 G-V 直觉模糊拟阵 $\mathrm{IFM} = (E, \Psi)$, Ψ 中的元素称为独立的直觉模糊集, 且 Ψ 称为独立直觉模糊集族.

若 $(\mu_\alpha, \pi_\alpha) \in \mathrm{IFS}(E)$ 且 $(\mu_\alpha, \pi_\alpha) \notin \Psi$, 则称 (μ_α, π_α) 为非独立直觉模糊集.

若 $(\mu_\alpha, \pi_\alpha) \in \mathrm{IFS}(E)$, 且对任意的 $x \in E$, 有 $\pi_\alpha(x) = 0$, 则直觉模糊集族 $\mathrm{IFS}(E)$ 实际上就是 $\mathrm{FS}(E)$. 因此, G-V 直觉模糊拟阵 $\mathrm{IFM} = (E, \Psi)$ 被还原为 G-V 模糊拟阵 FM.

接下来通过一个网络图论例子, 说明 G-V 直觉模糊拟阵的应用.

例 12.2.1 令 V 是一些城市的集合, E 是城市之间道路的集合, 则 $G = (V, E)$ 是一个顶点集 V 和边集 E 的图. 假设专家组各位专家

$\alpha_i\,(i = 1, 2, \cdots, m)$ 对于城市之间的 n 条道路 $E = \{e_1, e_2, \cdots, e_n\}$ 的总体评价是: 满意为 μ_{α_i}, 不满意为 υ_{α_i}, 不确定为 π_{α_i}, 其中任意 $x \in E$, $\mu_{\alpha_i}(x), \upsilon_{\alpha_i}(x), \pi_{\alpha_i}(x) \geqslant 0$, 且 $\mu_{\alpha_i}(x) + \upsilon_{\alpha_i}(x) + \pi_{\alpha_i}(x) = 1$, 那么 $(\mu_{\alpha_i}, \pi_{\alpha_i})$ 称为 E 上的直觉模糊集. 对于任意 $r \in (0, 1]$, 令

$$E_r = \{x \in E \,|\, h(\mu_{\alpha_i}(x), \pi_{\alpha_i}(x)) \geqslant r\},$$

$$L_r = \{F \,|\, F \text{ 是图 } (V, E_r) \text{ 中的一个森林}\},$$

$$\mathrm{I}_r = \{\tau(F) \,|\, F \in L_r\},$$

其中 h 是直觉模糊值 $(\mu_{\alpha_i}(x), \pi_{\alpha_i}(x))$ 的相似函数, $\tau(F)$ 是 F 的边集.

通过图论的知识和定义 12.2.1, 对于任意 $r \in (0, 1]$, 容易看出 (E_r, I_r) 是一个经典拟阵.

若令 $\Psi = \{(\mu_\alpha, \pi_\alpha) \in \mathrm{IFS}(E) \,|\, C_r(\mu_\alpha, \pi_\alpha) \in \mathrm{I}_r, 0 < r \leqslant 1\}$, 则由定义 12.2.1 可知, (E, Ψ) 是一个 G-V 直觉模糊拟阵.

由于通过 G-V 模糊拟阵的截集构造经典拟阵, 对 G-V 直觉模糊拟阵也有同样的结果.

定理 12.2.1　设一个 G-V 直觉模糊拟阵为 $\mathrm{IFM} = (E, \Psi)$, 对于任意 $r \in (0, 1]$, 令

$$\mathrm{I}_r = \{C_r(\mu_\alpha, \pi_\alpha) \,|\, (\mu_\alpha, \pi_\alpha) \in \Psi\},$$

那么 $\mathrm{M}_r = (E, \mathrm{I}_r)$ 是 E 上的经典拟阵.

证明　欲证明定理成立, 只需证明 I_r 满足定义 12.2.1 中的条件 (1) 和 (2) 即可.

(1) 设 $A \in \mathrm{I}_r, B \subseteq A$, 则存在 $(\mu_\alpha, \pi_\alpha) \in \Psi$, 使得

$$C_r(\mu_\alpha, \pi_\alpha) = A.$$

令 $(\mu_\beta, \pi_\beta) \in \mathrm{IFS}(E)$, 其中 (μ_β, π_β) 满足

$$h(\mu_\beta(x), \pi_\beta(x)) = \begin{cases} r, & x \in B, \\ 0, & x \notin B. \end{cases}$$

则

$$(\mu_\beta, \pi_\beta) \preccurlyeq (\mu_\alpha, \pi_\alpha),$$

进而, $(\mu_\beta, \pi_\beta) \in \Psi$, 且 $C_r(\mu_\beta, \pi_\beta) = B$.

于是, $B \in I_r$, 所以, $M_r = (E, I_r)$ 满足定义 12.2.1 的条件 (1).

(2) 设 $A, B \in I_r$, 且 $|A| < |B|$. 令 $(\mu_\alpha, \pi_\alpha), (\mu_\beta, \pi_\beta) \in \Psi$, 使得

$$C_r(\mu_\alpha, \pi_\alpha) = A, \quad C_r(\mu_\beta, \pi_\beta) = B.$$

令 $(\mu_{\hat{\alpha}}, \pi_{\hat{\alpha}}) \in \mathrm{IFS}(E)$, 其中 $(\mu_{\hat{\alpha}}, \pi_{\hat{\alpha}})$ 满足

$$h(\mu_{\hat{\alpha}}(x), \pi_{\hat{\alpha}}(x)) = \begin{cases} r, & x \in A, \\ 0, & x \notin A. \end{cases}$$

同理, 令 $\left(\mu_{\hat{\beta}}, \pi_{\hat{\beta}}\right) \in \mathrm{IFS}(E)$, 其中 $\left(\mu_{\hat{\beta}}, \pi_{\hat{\beta}}\right)$ 满足

$$h\left(\mu_{\hat{\beta}}(x), \pi_{\hat{\beta}}(x)\right) = \begin{cases} r, & x \in B, \\ 0, & x \notin B. \end{cases}$$

由 (1) 中的证明可知

$$(\mu_{\hat{\alpha}}, \pi_{\hat{\alpha}}), \left(\mu_{\hat{\beta}}, \pi_{\hat{\beta}}\right) \in \Psi,$$

$$|\mathrm{supp}(\mu_{\hat{\alpha}}, \pi_{\hat{\alpha}})| = |A| < |B| = \left|\mathrm{supp}\left(\mu_{\hat{\beta}}, \pi_{\hat{\beta}}\right)\right|.$$

由定义 12.2.1 的条件 (2) 可知, 存在 $(\mu_\omega, \pi_\omega) \in \Psi$, 使得

$$(\mu_{\hat{\alpha}}, \pi_{\hat{\alpha}}) \prec (\mu_\omega, \pi_\omega) \preccurlyeq (\mu_{\hat{\alpha}}, \pi_{\hat{\alpha}}) \vee \left(\mu_{\hat{\beta}}, \pi_{\hat{\beta}}\right),$$

且

$$m(\mu_\omega, \pi_\omega) \geqslant \min\left\{m(\mu_{\hat{\alpha}}, \pi_{\hat{\alpha}}), m\left(\mu_{\hat{\beta}}, \pi_{\hat{\beta}}\right)\right\} = r.$$

因此, 有

$$h\left((\mu_{\hat{\alpha}}(x), \pi_{\hat{\alpha}}(x)) \vee \left(\mu_{\hat{\beta}}(x), \pi_{\hat{\beta}}(x)\right)\right) = \begin{cases} r, & x \in A \cup B, \\ 0, & x \notin A \cup B. \end{cases}$$

那么存在集合 C, 使得

$$A \subset C \subseteq A \cup B,$$

且

$$h\left(\mu_{\omega}\left(x\right),\pi_{\omega}\left(x\right)\right)=\begin{cases} r, & x\in C, \\ 0, & x\notin C. \end{cases}$$

显然, $C\in \mathrm{I}_r$ 且 I_r 满足定义 12.2.1 的条件 (2).

综上所述, $\mathrm{M}_r=(E,\mathrm{I}_r)$ 是 E 上的经典拟阵.

12.3   G-V 直觉模糊拟阵的导出拟阵序列

定理 12.2.1 表明, 由 G-V 直觉模糊拟阵的 r-截集可以构造一个经典拟阵, 且随着 r 的变化, 这样的拟阵有很多, 通常称之为 G-V 直觉模糊拟阵的导出拟阵序列.

命题 12.3.1   设 E 是有限集, G-V 直觉模糊拟阵为 $\mathrm{IFM}=(E,\varPsi)$. 对于任意 $r\in(0,1]$, 令 $\mathrm{M}_r=(E,\mathrm{I}_r)$ 是 E 上的经典拟阵. 由于 E 是有限集, 故存在着一个有限序列 $r_0<r_1<r_2<\cdots<r_n$, 使得

(1) $r_0=0,r_n\leqslant 1$.

(2) 若 $0<s\leqslant r_n$, 则 $\mathrm{I}_s\neq\{\varnothing\}$; 若 $s>r_n$, 则 $\mathrm{I}_s=\{\varnothing\}$.

(3) 若 $r_i<s,t<r_{i+1}$, 则 $\mathrm{I}_s=\mathrm{I}_t$, 其中 $0\leqslant i\leqslant n-1$.

(4) 若 $r_i<s<r_{i+1}<t<r_{i+2}$, 则 $\mathrm{I}_s\supset\mathrm{I}_t$, 其中 $0\leqslant i\leqslant n-2$.

则称 $r_0<r_1<r_2<\cdots<r_n$ 为 IFM 的基本序列. 因此, 对于任意 $i\in[0,n]$, 令 $\overline{r}_i=\dfrac{r_{i-1}+r_i}{2}$, 可以得到拟阵序列 $\mathrm{M}_{\overline{r}_n}\subset\mathrm{M}_{\overline{r}_{n-1}}\subset\cdots\subset\mathrm{M}_{\overline{r}_2}\subset\mathrm{M}_{\overline{r}_1}$, 称其为 IFM-导出拟阵序列, 其中

$$C_r\left(\mu_{\alpha},\pi_{\alpha}\right)=\left\{x\in E\,|\,h\left(\mu_{\alpha}\left(x\right),\pi_{\alpha}\left(x\right)\right)\geqslant r\right\},$$

$$\mathrm{I}_r=\left\{C_r\left(\mu_{\alpha},\pi_{\alpha}\right)\,|\,\left(\mu_{\alpha},\pi_{\alpha}\right)\in\varPsi\right\},$$

且对于任意 $r\in(0,1]$, 有

$$\mathrm{I}_s\neq\{\varnothing\},$$

且 $s>r_n$, 有 $\mathrm{I}_s=\{\varnothing\}$.

由 G-V 直觉模糊拟阵可以构造一个拟阵序列. 相反, 也可以从拟阵序列构造一个 G-V 直觉模糊拟阵.

定理 12.3.1   令 E 是一个有限集, 且 $0 = r_0 < r_1 < r_2 < \cdots < r_n \leqslant 1$ 是一个有限序列. 设 $\mathrm{M}_{r_1}, \mathrm{M}_{r_2}, \cdots, \mathrm{M}_{r_{n-1}}, \mathrm{M}_{r_n}$ (其中 $\mathrm{M}_{r_i} = (E, \mathrm{I}_{r_i}), 1 \leqslant i \leqslant n$) 是 E 上的导出拟阵序列, 使得 $\mathrm{I}_{r_{i+1}} \subset \mathrm{I}_{r_i}$.

对于任意 r, 令

$$
\mathrm{I}_r = \begin{cases} \mathrm{I}_{r_i}, & r_{i-1} < r \leqslant r_i, 0 \leqslant i \leqslant n, \\ \{\varnothing\}, & r > r_n. \end{cases}
$$

令

$$
\varPsi^* = \left\{ (\mu_\alpha, \pi_\alpha) \in \mathrm{IFS}\,(E) \,\middle|\, C_r\,(\mu_\alpha, \pi_\alpha) \in \mathrm{I}_r, 0 < r \leqslant 1 \right\},
$$

则 $\mathrm{IFM} = (E, \varPsi^*)$ 是一个 G-V 直觉模糊拟阵, 其导出拟阵序列为 $\mathrm{M}_{r_1} \supset \mathrm{M}_{r_2} \supset \cdots \supset \mathrm{M}_{r_{n-1}} \supset \mathrm{M}_{r_n}$, 其中对于任意 $1 \leqslant i \leqslant n$, 有 $\mathrm{M}_{r_i} = (E, \mathrm{I}_{r_i})$.

证明   根据定义 12.2.1 的条件 (1) 和 (2) 进行证明.

(1) 设 $(\mu_\alpha, \pi_\alpha) \in \varPsi^*$, $(\mu_\beta, \pi_\beta) \in \mathrm{IFS}\,(E)$ 且 $(\mu_\beta, \pi_\beta) \preccurlyeq (\mu_\alpha, \pi_\alpha)$, 那么对于任意 $r \in (0, 1]$, 有

$$
C_r\,(\mu_\alpha, \pi_\alpha) \in \mathrm{I}_r, \quad C_r\,(\mu_\beta, \pi_\beta) \subseteq C_r\,(\mu_\alpha, \pi_\alpha),
$$

故 $C_r\,(\mu_\beta, \pi_\beta) \in \mathrm{I}_r$. 这说明 $(\mu_\beta, \pi_\beta) \in \varPsi^*$. 因此 $(E, \varPsi^*)$ 满足定义 12.2.1 的条件 (1).

(2) 设 $(\mu_\alpha, \pi_\alpha), (\mu_\beta, \pi_\beta) \in \varPsi^*$, 且 $|\mathrm{supp}\,(\mu_\alpha, \pi_\alpha)| < |\mathrm{supp}\,(\mu_\beta, \pi_\beta)|$, 那么对于 $s = \min\{m\,(\mu_\alpha, \pi_\alpha), m\,(\mu_\beta, \pi_\beta)\}$, 有

$$
\mathrm{supp}\,(\mu_\alpha, \pi_\alpha) \in \mathrm{I}_s, \quad \mathrm{supp}\,(\mu_\beta, \pi_\beta) \in \mathrm{I}_s.
$$

因为 (E, I_s) 是一个经典拟阵, 故存在集合 $C \in \mathrm{I}_s$, 使得

$$
\mathrm{supp}\,(\mu_\alpha, \pi_\alpha) \subset C \subseteq \mathrm{supp}\,(\mu_\alpha, \pi_\alpha) \cup \mathrm{supp}\,(\mu_\beta, \pi_\beta).
$$

令

$$
h\,(\mu_\omega\,(x), \pi_\omega\,(x)) = \begin{cases} h\,(\mu_\alpha\,(x), \pi_\alpha\,(x)), & x \in \mathrm{supp}\,(\mu_\alpha, \pi_\alpha), \\ s, & x \in C \backslash \mathrm{supp}\,(\mu_\alpha, \pi_\alpha), \\ 0, & \text{其他}. \end{cases}
$$

所以, (μ_ω, π_ω) 满足定义 12.2.1 的条件 (2). 因此, (E, Ψ^*) 是一个 G-V 直觉模糊拟阵, 且 $M_{r_1} \supset M_{r_2} \supset \cdots \supset M_{r_{n-1}} \supset M_{r_n}$ 是其 IFM-导出拟阵序列, 即一个 G-V 直觉模糊拟阵的独立直觉模糊集族, 可以由它的导出拟阵序列的独立集族导出.

定理 12.3.2   设一个 G-V 直觉模糊拟阵为 $IFM = (E, \Psi)$, 对于任意 $r \in (0, 1]$, 设 $M_r = (E, I_r)$ 是在定理 12.3.1 下定义在 E 上的经典拟阵. 令

$$\Psi^* = \{(\mu_\alpha, \pi_\alpha) \in IFS(E) \mid C_r(\mu_\alpha, \pi_\alpha) \in I_r, 0 < r \leqslant 1\},$$

那么 $\Psi = \Psi^*$.

证明   (1) 令 $(\mu_\alpha, \pi_\alpha) \in \Psi$, 则对于任意 $r \in (0, 1]$, 有

$$C_r(\mu_\alpha, \pi_\alpha) \in I_r.$$

这说明 $(\mu_\alpha, \pi_\alpha) \in \Psi^*$, 则 $\Psi \subseteq \Psi^*$.

(2) 设 $(\mu_\alpha, \pi_\alpha) \in \Psi^*$, 令 $R^+(\mu_\alpha, \pi_\alpha) = \{t_1, t_2, \cdots, t_q\}$ 是 (μ_α, π_α) 的 h-值域, 其中 $0 < t_1 > t_2 > \cdots > t_q$. 显然, 对于任意 $i(1 \leqslant i \leqslant q)$, 有

$$C_{t_i}(\mu_\alpha, \pi_\alpha) \in I_{t_i},$$

且对于任意 $1 \leqslant i \leqslant q - 1$, 有

$$C_{t_i}(\mu_\alpha, \pi_\alpha) \subseteq C_{t_{i+1}}(\mu_\alpha, \pi_\alpha).$$

那么对于 $1 \leqslant i \leqslant q$, 令 $(\mu_{\beta_i}, \pi_{\beta_i}) \in IFS(E)$, 其中 $(\mu_{\beta_i}, \pi_{\beta_i})$ 表示为

$$h(\mu_{\beta_i}(x), \pi_{\beta_i}(x)) = \begin{cases} t_i, & x \in C_{t_i}(\mu_\alpha, \pi_\alpha), \\ 0, & \text{其他}, \end{cases}$$

且当 $x \in C_{t_{i+1}}(\mu_\alpha, \pi_\alpha) \backslash C_{t_i}(\mu_\alpha, \pi_\alpha)$ 时, 有

$$(\mu_{\beta_i}(x), \pi_{\beta_i}(x)) = (\mu_\alpha(x), \pi_\alpha(x)).$$

因为对于任意 $i(1 \leqslant i \leqslant q)$, 有

$$C_{t_i}(\mu_\alpha, \pi_\alpha) \in I_{t_i}.$$

所以, 对于任意 $1 \leqslant i \leqslant q$, 有

$$(\mu_{\beta_i}, \pi_{\beta_i}) \in \Psi,$$

且 $(\mu_{\beta_1}, \pi_{\beta_1}) \vee (\mu_{\beta_2}, \pi_{\beta_2}) \vee \cdots \vee (\mu_{\beta_q}, \pi_{\beta_q}) = (\mu_\alpha, \pi_\alpha).$

令

$$\operatorname{supp}(\mu_{\beta_1}, \pi_{\beta_1}) = \{e_1, e_2, \cdots, e_{n_1}\},$$

$$\operatorname{supp}(\mu_{\beta_2}, \pi_{\beta_2}) = \{e_1, e_2, \cdots, e_{n_1}, e_{n_1+1}, \cdots, e_{n_2}\},$$

$$\cdots\cdots$$

$$\operatorname{supp}(\mu_{\beta_q}, \pi_{\beta_q}) = \{e_1, e_2, \cdots, e_{n_1}, e_{n_1+1}, \cdots, e_{n_2}, e_{n_2+1}, \cdots, e_{n_3}, \cdots, e_{n_q}\}$$

$$= \operatorname{supp}(\mu_\alpha, \pi_\alpha),$$

其中 $n_1 < n_2 < \cdots < n_q$.

继续对 q 进行归纳, 可以证明

$$(\mu_\alpha, \pi_\alpha) = (\mu_{\beta_1}, \pi_{\beta_1}) \vee (\mu_{\beta_2}, \pi_{\beta_2}) \vee \cdots \vee (\mu_{\beta_q}, \pi_{\beta_q}) \in \Psi.$$

显然, 当 $q = 1$ 时, $(\mu_{\beta_1}, \pi_{\beta_1}) \in \Psi$.

接下来将证明: 若对于 $k - 1 < q$, 有

$$(\mu_{\beta_1}, \pi_{\beta_1}) \vee (\mu_{\beta_2}, \pi_{\beta_2}) \vee \cdots \vee (\mu_{\beta_{k-1}}, \pi_{\beta_{k-1}}) \in \Psi,$$

则 $(\mu_{\beta_1}, \pi_{\beta_1}) \vee (\mu_{\beta_2}, \pi_{\beta_2}) \vee \cdots \vee (\mu_{\beta_k}, \pi_{\beta_k}) \in \Psi$ 成立.

令 $\left(\mu_{\omega_1^{(k)}}, \pi_{\omega_1^{(k)}}\right) \in \operatorname{IFS}(E)$,

$$h\left(\mu_{\omega_1^{(k)}}(x), \pi_{\omega_1^{(k)}}(x)\right) = \begin{cases} t_k, & x \in \{e_1, e_2, \cdots, e_{n_{k-1}}, e_{n_{k-1}+1}\}, \\ 0, & \text{其他}, \end{cases}$$

且

$$\left(\mu_{\omega_1^{(k)}}(e_{n_{k-1}+1}), \pi_{\omega_1^{(k)}}(e_{n_{k-1}+1})\right) = \left(\mu_\alpha(e_{n_{k-1}+1}), \pi_\alpha(e_{n_{k-1}+1})\right).$$

显然, $\left(\mu_{\omega_1^{(k)}}, \pi_{\omega_1^{(k)}}\right) \preccurlyeq (\mu_{\beta_k}, \pi_{\beta_k})$. 所以, $\left(\mu_{\omega_1^{(k)}}, \pi_{\omega_1^{(k)}}\right) \in \Psi$.

对于 $(\mu_{\delta_1}, \pi_{\delta_1}) \in \text{IFS}(E)$, 令

$$(\mu_{\delta_1}(x), \pi_{\delta_1}(x)) = \begin{cases} (\mu_\alpha(x), \pi_\alpha(x)), & x = e_{n_{k-1}+1}, \\ (0,0), & \text{其他}. \end{cases}$$

则 $h(\mu_{\delta_1}(x), \pi_{\delta_1}(x)) = h(\mu_\alpha(x), \pi_\alpha(x)) = t_k$.

设 $\left(\mu_{z_1^{(k)}}, \pi_{z_1^{(k)}}\right) = (\mu_{\beta_1}, \pi_{\beta_1}) \vee (\mu_{\beta_2}, \pi_{\beta_2}) \vee \cdots \vee (\mu_{\beta_{k-1}}, \pi_{\beta_{k-1}}) \vee (\mu_{\delta_1}, \pi_{\delta_1})$,
由归纳假设, 可得

$$(\mu_{\beta_1}, \pi_{\beta_1}) \vee (\mu_{\beta_2}, \pi_{\beta_2}) \vee \cdots \vee (\mu_{\beta_{k-1}}, \pi_{\beta_{k-1}}) \in \Psi.$$

又因为

$$\text{supp}\left((\mu_{\beta_1}, \pi_{\beta_1}) \vee (\mu_{\beta_2}, \pi_{\beta_2}) \vee \cdots \vee (\mu_{\beta_{k-1}}, \pi_{\beta_{k-1}})\right) = \left\{e_1, e_2, \cdots, e_{n_{k-1}}\right\},$$

且

$$m\left((\mu_{\beta_1}, \pi_{\beta_1}) \vee (\mu_{\beta_2}, \pi_{\beta_2}) \vee \cdots \vee (\mu_{\beta_{k-1}}, \pi_{\beta_{k-1}})\right) > t_k,$$

所以, 对于任意两个直觉模糊集 $(\mu_{\beta_1}, \pi_{\beta_1}) \vee (\mu_{\beta_2}, \pi_{\beta_2}) \vee \cdots \vee (\mu_{\beta_{k-1}}, \pi_{\beta_{k-1}})$
与 $\left(\mu_{\omega_1^{(k)}}, \pi_{\omega_1^{(k)}}\right)$, 由定义 12.2.1 的条件 (2), 可以得出

$$\left(\mu_{z_1^{(k)}}, \pi_{z_1^{(k)}}\right) \in \Psi.$$

如果 $n_{k-1} + 1 = n_k$, 则

$$(\mu_{\beta_1}, \pi_{\beta_1}) \vee (\mu_{\beta_2}, \pi_{\beta_2}) \vee \cdots \vee (\mu_{\beta_k}, \pi_{\beta_k})$$
$$= (\mu_{\beta_1}, \pi_{\beta_1}) \vee (\mu_{\beta_2}, \pi_{\beta_2}) \vee \cdots \vee (\mu_{\beta_k}, \pi_{\beta_k}) \vee (\mu_{\delta_1}, \pi_{\delta_1})$$
$$= \left(\mu_{z_1^{(k)}}, \pi_{z_1^{(k)}}\right) \in \Psi.$$

那么有

$$(\mu_\alpha, \pi_\alpha) \in \Psi,$$

即 $\Psi^* \subseteq \Psi$.

如果 $n_{k-1} + 1 < n_k$, 令

$$\left(\mu_{\omega_2^{(k)}}, \pi_{\omega_2^{(k)}}\right) \in \text{IFS}(E),$$

$$h\left(\mu_{\omega_2^{(k)}}\left(x\right),\pi_{\omega_2^{(k)}}\left(x\right)\right)=\begin{cases}t_k,&x\in\left\{e_1,e_2,\cdots,e_{n_{k-1}},e_{n_{k-1}+1},e_{n_{k-1}+2}\right\},\\0,&\text{其他},\end{cases}$$

且当 $x=e_{n_{k-1}+2}$ 时, 有

$$\left(\mu_{\omega_2^{(k)}}\left(x\right),\pi_{\omega_2^{(k)}}\left(x\right)\right)=\left(\mu_\alpha\left(x\right),\pi_\alpha\left(x\right)\right).$$

显然地, $\left(\mu_{\omega_2^{(k)}},\pi_{\omega_2^{(k)}}\right)\precsim\left(\mu_{\beta_k},\pi_{\beta_k}\right)$, 则 $\left(\mu_{\omega_2^{(k)}},\pi_{\omega_2^{(k)}}\right)\in\Psi$.

对 $(\mu_{\delta_2},\pi_{\delta_2})\in\mathrm{IFS}\left(E\right)$, 令

$$\left(\mu_{\delta_2}\left(x\right),\pi_{\delta_2}\left(x\right)\right)=\begin{cases}\left(\mu_\alpha\left(x\right),\pi_\alpha\left(x\right)\right),&x=e_{n_{k-1}+2},\\(0,0),&\text{其他}.\end{cases}$$

$$h\left(\mu_{\delta_2}\left(e_{n_{k-1}+2}\right),\pi_{\delta_2}\left(e_{n_{k-1}+2}\right)\right)=h\left(\mu_\alpha\left(e_{n_{k-1}+2}\right),\pi_\alpha\left(e_{n_{k-1}+2}\right)\right),$$

$$\left(\mu_{z_2^{(k)}},\pi_{z_2^{(k)}}\right)=\left(\mu_{z_1^{(k)}},\pi_{z_1^{(k)}}\right)\vee\left(\mu_{\delta_2},\pi_{\delta_2}\right).$$

因为

$$\mathrm{supp}\left(\mu_{z_1^{(k)}},\pi_{z_1^{(k)}}\right)=\left\{e_1,e_2,\cdots,e_{n_{k-1}},e_{n_{k-1}+1}\right\},$$

$$m\left(\mu_{z_1^{(k)}},\pi_{z_1^{(k)}}\right)=t_k,$$

$$\left(\mu_{z_2^{(k)}},\pi_{z_2^{(k)}}\right)\in\Psi.$$

可由定义 12.2.1 的条件 (2) 得到, 适用于两个直觉模糊集 $\left(\mu_{z_1^{(k)}},\pi_{z_1^{(k)}}\right)$ 和 $\left(\mu_{\omega_2^{(k)}},\pi_{\omega_2^{(k)}}\right)$.

如果 $n_{k-1}+2=n_k$, 则

$$\begin{aligned}&\left(\mu_{\beta_1},\pi_{\beta_1}\right)\vee\left(\mu_{\beta_2},\pi_{\beta_2}\right)\vee\cdots\vee\left(\mu_{\beta_k},\pi_{\beta_k}\right)\\&=\left(\mu_{z_1^{(k)}},\pi_{z_1^{(k)}}\right)\vee\left(\mu_{\delta_2},\pi_{\delta_2}\right)\\&=\left(\mu_{z_2^{(k)}},\pi_{z_2^{(k)}}\right)\in\Psi,\end{aligned}$$

即 $(\mu_\alpha,\pi_\alpha)\in\Psi$. 所以, $\Psi^*\subseteq\Psi$.

如果 $n_{k-1}+2<n_k$, 那么可以像上述一样继续下去, 最终得到一个直觉模糊集 $\left(\mu_{z_m^{(k)}},\pi_{z_m^{(k)}}\right)\in\Psi$, 使得

$$\left(\mu_{z_m^{(k)}},\pi_{z_m^{(k)}}\right)=\left(\mu_{\beta_1},\pi_{\beta_1}\right)\vee\left(\mu_{\beta_2},\pi_{\beta_2}\right)\vee\cdots\vee\left(\mu_{\beta_k},\pi_{\beta_k}\right),$$

同理可以得出 $(\mu_\alpha, \pi_\alpha) \in \Psi$. 所以, $\Psi^* \subseteq \Psi$.

因此, 由 (1) 和 (2) 知, $\Psi^* = \Psi$.

12.4　G-V 直觉模糊拟阵的秩函数

为了更进一步研究 G-V 直觉模糊拟阵的性质, 本节根据前面所给出的相似函数 h 以及基本序列等概念, 提出了 G-V 直觉模糊拟阵的秩函数的定义, 同时给出了闭 G-V 直觉模糊拟阵的定义, 并研究 G-V 直觉模糊拟阵的秩函数的性质.

定义 12.4.1　设一个 G-V 直觉模糊拟阵为 IFM $= (E, \Psi)$, 令 $(\mu_\alpha, \pi_\alpha) \in \text{IFS}(E)$. 在此, 定义一个映射 $\rho : \text{IFS}(E) \to [0, \infty)$, 其中

$$\rho(\mu_\alpha, \pi_\alpha) = \sup\{|(\mu_\beta, \pi_\beta)| \,|\, (\mu_\beta, \pi_\beta) \preccurlyeq (\mu_\alpha, \pi_\alpha) \text{ 且 } (\mu_\beta, \pi_\beta) \in \Psi\},$$
$$(12.4.1)$$

其中 $|(\mu_\beta, \pi_\beta)| = \sum_{x \in E} h(\mu_\beta, \pi_\beta)$, 则称 ρ 为 G-V 直觉模糊拟阵的秩函数.

与定理 12.2.1 类似, ρ 满足下列性质:

(1) 若 $(\mu_\alpha, \pi_\alpha), (\mu_\beta, \pi_\beta) \in \text{IFS}(E)$, 且 $(\mu_\beta, \pi_\beta) \preccurlyeq (\mu_\alpha, \pi_\alpha)$, 则有

$$\rho(\mu_\beta, \pi_\beta) \leqslant \rho(\mu_\alpha, \pi_\alpha).$$

(2) 对于任意 $(\mu_\alpha, \pi_\alpha) \in \text{IFS}(E)$, 有 $\rho(\mu_\alpha, \pi_\alpha) \leqslant |(\mu_\alpha, \pi_\alpha)|$.

(3) 若 $(\mu_\alpha, \pi_\alpha) \in \Psi$, 则有 $\rho(\mu_\alpha, \pi_\alpha) = |(\mu_\alpha, \pi_\alpha)|$.

下面介绍 G-V 直觉模糊拟阵的闭包概念.

定义 12.4.2　设一个 G-V 直觉模糊拟阵为 IFM $= (E, \Psi)$, 在 IFM 上有基本序列 $0 = r_0 < r_1 < r_2 < \cdots < r_n \leqslant 1$. $\text{I}_r(0 < r \leqslant 1)$ 如定理 12.2.1 所定义, 令

$$\bar{\text{I}}_r = \begin{cases} \text{I}_{\bar{r}_i}, & r_{i-1} < r \leqslant r_i, \\ \text{I}_r, & r > r_n, \end{cases}$$

其中 $\bar{r}_i = \dfrac{r_{i-1} + r_i}{2}$. 令

$$\overline{\Psi} = \{(\mu_\alpha, \pi_\alpha) \in \text{IFS}(E) \,|\, C_r(\mu_\alpha, \pi_\alpha) \in \bar{\text{I}}_r, 0 < r \leqslant 1\},$$

则称 $\overline{\text{IFM}} = (E, \overline{\Psi})$ 为 $\text{IFM} = (E, \Psi)$ 的闭包.

注 当 $r > r_n$ 时, 有 $\overline{I}_r = I_r$.

从定理 12.2.2 可以直接得到以下结论.

定理 12.4.1 设一个 G-V 直觉模糊拟阵为 $\text{IFM} = (E, \Psi)$, $\overline{\text{IFM}} = (E, \overline{\Psi})$ 为 IFM 的闭包, 那么 $\overline{\text{IFM}} = (E, \overline{\Psi})$ 是一个 G-V 直觉模糊拟阵.

从定理 12.2.2 中, 还可以得到 $\overline{\text{IFM}} = (E, \overline{\Psi})$ 和 $\text{IFM} = (E, \Psi)$ 具有相同的基本序列.

定理 12.4.2 设一个 G-V 直觉模糊拟阵为 $\text{IFM} = (E, \Psi)$, 有基本序列 $0 = r_0 < r_1 < r_2 < \cdots < r_n \leqslant 1$. 若对于任意 $r_{i-1} < r \leqslant r_i (0 \leqslant i \leqslant n)$, $\overline{I}_r = I_r$, 则称 $\text{IFM} = (E, \psi)$ 是一个闭 G-V 直觉模糊拟阵.

显然, 直觉模糊拟阵 IFM 的闭包是包含 IFM 的最小闭直觉模糊拟阵.

接下来, 探讨闭 G-V 直觉模糊拟阵的秩函数与 G-V 直觉模糊拟阵的秩函数的关系.

引理 12.4.1 设一个 G-V 直觉模糊拟阵为 $\text{IFM} = (E, \Psi)$, 其闭包为 $\overline{\text{IFM}} = (E, \overline{\Psi})$, $\overline{\rho}$ 和 ρ 分别为 $\overline{\text{IFM}}$ 和 IFM 的秩函数, 则

$$\overline{\rho} = \rho, \quad (\mu_\alpha, \pi_\alpha) \in \overline{\Psi}.$$

证明 对于任意 $(\mu_\alpha, \pi_\alpha) \in \Psi$, 任意 $0 < r \leqslant 1$, 都有

$$C_r(\mu_\alpha, \pi_\alpha) \in \overline{I}_r.$$

于是, 有 $\Psi \subseteq \overline{\Psi}$. 所以, $\rho(\mu_\alpha, \pi_\alpha) \leqslant \overline{\rho}(\mu_\alpha, \pi_\alpha)$.

接下来证明 $\rho(\mu_\alpha, \pi_\alpha) \geqslant \overline{\rho}(\mu_\alpha, \pi_\alpha)$.

对于任意 $(\mu_\alpha, \pi_\alpha) \in \text{IFS}(E)$, 设 $(\mu_\beta, \pi_\beta) \in \overline{\Psi}$ 且 $(\mu_\beta, \pi_\beta) \preceq (\mu_\alpha, \pi_\alpha)$. 令 $R^+(\mu_\beta, \pi_\beta) = \{h_1, h_2, \cdots, h_k\}$, 其中 $h_1 < h_2 < \cdots < h_k$. 令

$$\varepsilon > 0, \quad \eta = \min\left\{\frac{\varepsilon}{|E|}, \min_{1 \leqslant i \leqslant k-1}\left\{\frac{h_{i+1} - h_i}{2}\right\}\right\},$$

根据 $0 = r_0 < r_1 < r_2 < \cdots < r_n \leqslant 1$ 为 IFM 上的基本序列, 对于任意 $x \in E$, 令

$$(\mu_{\beta'}, \pi_{\beta'}) \in \text{IFS}(E),$$

$$h_{\left(\mu_{\beta'},\pi_{\beta'}\right)}(x) = \begin{cases} h_{\left(\mu_\beta,\pi_\beta\right)}(x), & h_{\left(\mu_\beta,\pi_\beta\right)}(x) \notin \{r_1, r_2, \cdots, r_n\}, \\ h_{\left(\mu_\beta,\pi_\beta\right)}(x) - \eta, & h_{\left(\mu_\beta,\pi_\beta\right)}(x) \in \{r_1, r_2, \cdots, r_n\}, \end{cases}$$

于是, 有

$$(\mu_{\beta'}, \pi_{\beta'}) \prec (\mu_\beta, \pi_\beta),$$

$$(\mu_{\beta'}, \pi_{\beta'}) \prec (\mu_\alpha, \pi_\alpha),$$

且对于任意 $r_{i-1} < r < r_i$, 都有

$$C_r(\mu_\alpha, \pi_\alpha) \in \bar{I}_r.$$

而 $\bar{I}_r = I_{\bar{r}_i} = I_r$, 所以

$$(\mu_{\beta'}, \dot{\pi}_{\beta'}) \in I_r.$$

所以

$$(\mu_{\beta'}, \pi_{\beta'}) \in \overline{\Psi},$$

且

$$|(\mu_{\beta'}, \pi_{\beta'})| \leqslant |(\mu_\beta, \pi_\beta)|$$

$$= \sum_{h_{\left(\mu_\beta,\pi_\beta\right)}(x)\in\{r_1,r_2,\cdots,r_n\}} h_{\left(\mu_\beta,\pi_\beta\right)}(x)$$

$$+ \sum_{h_{\left(\mu_\beta,\pi_\beta\right)}(x)\notin\{r_1,r_2,\cdots,r_n\}} h_{\left(\mu_\beta,\pi_\beta\right)}(x)$$

$$\leqslant \sum_{h_{\left(\mu_{\beta'},\pi_{\beta'}\right)}(x)\in\{r_1,r_2,\cdots,r_n\}} h_{\left(\mu_{\beta'},\pi_{\beta'}\right)}(x)$$

$$+ \sum_{h_{\left(\mu_{\beta'},\pi_{\beta'}\right)}(x)\notin\{r_1,r_2,\cdots,r_n\}} \left(h_{\left(\mu_{\beta'},\pi_{\beta'}\right)}(x) + \eta\right)$$

$$\leqslant |(\mu_{\beta'}, \pi_{\beta'})| + \varepsilon,$$

其中, $x \in E$.

对于任意 i, 令 $\{(\mu_{\beta_i}, \pi_{\beta_i})\}$ 是 $\overline{\Psi}$ 上的独立模糊集序列, 使得

$$(\mu_{\beta_i}, \pi_{\beta_i}) \preccurlyeq (\mu_\alpha, \pi_\alpha),$$

$$\lim_{i \to \infty} |(\mu_{\beta_i}, \pi_{\beta_i})| = \overline{\rho}(\mu_\alpha, \pi_\alpha).$$

故对于任意 $(\mu_{\beta_i}, \pi_{\beta_i})$, 存在一个直接模糊集 $(\mu_{\beta_i'}, \pi_{\beta_i'}) \in \Psi$, 使得

$$\left(\mu_{\beta_i'}, \pi_{\beta_i'}\right) \preccurlyeq (\mu_\alpha, \pi_\alpha),$$

$$|(\mu_{\beta_i}, \pi_{\beta_i})| \leqslant \left|\left(\mu_{\beta_i'}, \pi_{\beta_i'}\right)\right| + \varepsilon,$$

那么

$$\overline{\rho}(\mu_\alpha, \pi_\alpha) < \sup\left\{\left(\mu_{\beta_i'}, \pi_{\beta_i'}\right)\right\} + \varepsilon \leqslant \rho(\mu_\alpha, \pi_\alpha) + \varepsilon.$$

由于 $\varepsilon > 0$ 是任意的, 因此

$$\rho(\mu_\alpha, \pi_\alpha) \geqslant \overline{\rho}(\mu_\alpha, \pi_\alpha).$$

综上所述

$$\rho(\mu_\alpha, \pi_\alpha) = \overline{\rho}(\mu_\alpha, \pi_\alpha).$$

所以, 结论成立.

闭 G-V 直觉模糊拟阵 $\mathrm{IFM} = (E, \Psi)$ 的直觉模糊秩函数也像模糊拟阵的秩函数一样具有子模性.

设闭 G-V 直觉模糊拟阵 $\mathrm{IFM} = (E, \Psi)$ 有秩函数 ρ 和基本序列 $0 = r_0 < r_1 < r_2 < \cdots < r_n \leqslant 1$. 设函数 $\hat{\rho} : \mathrm{IFS}(E) \to [0, \infty)$, 其中 $\hat{\rho}$ 的定义如下:

设 $(\mu_\alpha, \pi_\alpha) \in \mathrm{IFS}(E)$, 且 $R^+(\mu_\alpha, \pi_\alpha) = \{h_1, h_2, \cdots, h_s\}$, 令

$$\{a_1, a_2, \cdots, a_m\} = \{r_1, r_2, \cdots, r_n\} \cup \{h_1, h_2, \cdots, h_s\},$$

$$a_{j_i} = r_i,$$

其中 $0 < h_1 < h_2 < \cdots < h_s \leqslant 1, a_1 < a_2 < \cdots < a_m \leqslant 1$. 设 R_i 是经典拟阵 $\mathrm{M} = (E, \mathrm{I}_{r_i})$ 的秩函数.

显然地, 对于任意正整数 $j (1 \leqslant j \leqslant j_n = r_n)$, 存在相对应的整数 i, $1 \leqslant i \leqslant n$, 使得

$$r_{i-1} \leqslant a_{j_{i-1}} < a_j \leqslant a_{j_i} = r_i.$$

此时, (i, j) 称为对应序偶. 令

$$
q_j\left(\mu_\alpha, \pi_\alpha\right) =
\begin{cases}
\left(a_j - a_{j-1}\right) R_i\left(C_{a_j}\left(\mu_\alpha, \pi_\alpha\right)\right), & a_j \leqslant r_n, \\
& \quad \text{且}\ (i, j)\ \text{为对应序偶}, \\
0, & a_j > r_n.
\end{cases}
$$
$$(12.4.2)$$

对于闭 G-V 直觉模糊拟阵 $\mathrm{IFM} = (E, \Psi)$, 若对于任意 $j(1 \leqslant j \leqslant m)$, 有

$$
a_{j-1} < \eta \leqslant a_j,
$$

对每个 η, 有

$$
C_\eta\left(\mu_\alpha, \pi_\alpha\right) = C_{a_j}\left(\mu_\alpha, \pi_\alpha\right).
$$

故定义函数 $\hat{\rho} : \mathrm{IFS}\left(E\right) \to [0, \infty)$ 为

$$
\hat{\rho}\left(\mu_\alpha, \pi_\alpha\right) = \sum_{j=1}^m q_j\left(\mu_\alpha, \pi_\alpha\right).
$$
$$(12.4.3)$$

从 $q_j\left(\mu_\alpha, \pi_\alpha\right)$ 的定义出发, 可以得到以下命题.

命题 12.4.1 设有闭 G-V 直觉模糊拟阵 $\mathrm{IFM} = (E, \Psi)$, 其基本序列为 $0 = r_0 < r_1 < r_2 < \cdots < r_n \leqslant 1$, 且 $\{a_1, a_2, \cdots, a_m\} \subseteq \{d_1, d_2, \cdots, d_t\}$, 其中 $0 < d_1 < d_2 < \cdots < d_t \leqslant 1$, 且 $a_1 < a_2 < \cdots < a_m$ 是通过上述所定义的.

对任意的 $1 \leqslant i \leqslant n$, 令 $d_{k_i} = r_i$, 若 $d_{k_{i-1}} \leqslant d_{k-1} < d_k \leqslant d_{k_i}$, 令 (i, k) 为对应序偶.

对每个 $k \in [1, t]$, 若有映射 $q_k^* : \mathrm{IFS}\left(E\right) \to R^1$, 定义为

$$
q_k^*\left(\mu_\alpha, \pi_\alpha\right) =
\begin{cases}
\left(d_k - d_{k-1}\right) R_i\left(C_{d_k}\left(\mu_\alpha, \pi_\alpha\right)\right), & d_k \leqslant r_n, \\
& \quad \text{且}\ (i, k)\ \text{为对应序偶}, \\
0, & d_k > r_n.
\end{cases}
$$

那么对于任意 $(\mu_\alpha, \pi_\alpha) \in \mathrm{IFS}\left(E\right)$, 有

$$
\sum_{j=1}^m q_j\left(\mu_\alpha, \pi_\alpha\right) = \sum_{k=1}^t q_k^*\left(\mu_\alpha, \pi_\alpha\right).
$$

上述直觉模糊秩函数满足子模性.

定理 12.4.3 设有闭 G-V 直觉模糊拟阵 $\mathrm{IFM} = (E, \Psi)$, 其基本序列为 $0 = r_0 < r_1 < r_2 < \cdots < r_n \leqslant 1$. 若 $\hat{\rho} : \mathrm{IFS}(E) \to [0, \infty)$ 是通过 (12.4.3) 定义的, 那么 $\hat{\rho}$ 具有子模性, 即对任意的 $(\mu_\alpha, \pi_\alpha), (\mu_\beta, \pi_\beta) \in \mathrm{IFS}(E)$, 存在

$$\hat{\rho}(\mu_\alpha, \pi_\alpha) + \hat{\rho}(\mu_\beta, \pi_\beta) \geqslant \hat{\rho}((\mu_\alpha, \pi_\alpha) \vee (\mu_\beta, \pi_\beta)) + \hat{\rho}((\mu_\alpha, \pi_\alpha) \wedge (\mu_\beta, \pi_\beta)).$$

证明 令 $(\mu_\alpha, \pi_\alpha), (\mu_\beta, \pi_\beta) \in \mathrm{IFS}(E)$, 且 $R^+(\mu_\alpha, \pi_\alpha) = \{h_1, h_2, \cdots, h_s\}$, $R^+(\mu_\alpha, \pi_\alpha) = \{\lambda_1, \lambda_2, \cdots, \lambda_t\}$. 令

$$\{d_1, d_2, \cdots, d_t\} = \{r_1, r_2, \cdots, r_n\} \cup \{\lambda_1, \lambda_2, \cdots, \lambda_t\}.$$

对任意的 $1 \leqslant i \leqslant n$, 令 $d_{k_i} = r_i$, 且若 $d_{k_{i-1}} \leqslant d_{k-1} < d_k \leqslant d_{k_i}$, 则 (i, k) 是一对应序偶.

对于任意 $k, 1 \leqslant k \leqslant m$, 映射 $q_k^* : \mathrm{IFS}(E) \to R^1$ 定义为

$$q_k^*(\mu_\alpha, \pi_\alpha) = \begin{cases} (d_k - d_{k-1}) R_i(C_{d_k}(\mu_\alpha, \pi_\alpha)), & d_k \leqslant r_n, (i, k) \text{ 为对应序偶}, \\ 0, & d_k > r_n. \end{cases}$$

$$\text{(12.4.4)}$$

由命题 12.4.1 可知

$$\hat{\rho}(\mu_\alpha, \pi_\alpha) = \sum_{k=1}^m q_k(\mu_\alpha, \pi_\alpha) = \sum_{k=1}^m (d_k - d_{k-1}) R_i(C_{d_k}(\mu_\alpha, \pi_\alpha)).$$

由相似函数的定义, 可以得出

$$\hat{\rho}((\mu_\alpha, \pi_\alpha) \vee (\mu_\beta, \pi_\beta)) = \sum_{k=1}^m (d_k - d_{k-1}) R_i(C_{d_k}(\mu_\alpha, \pi_\alpha) \cup C_{d_k}(\mu_\beta, \pi_\beta)),$$

$$\hat{\rho}((\mu_\alpha, \pi_\alpha) \wedge (\mu_\beta, \pi_\beta)) = \sum_{k=1}^m (d_k - d_{k-1}) R_i(C_{d_k}(\mu_\alpha, \pi_\alpha) \cap C_{d_k}(\mu_\beta, \pi_\beta)).$$

因此

$$\hat{\rho}(\mu_\alpha, \pi_\alpha) + \hat{\rho}(\mu_\beta, \pi_\beta)$$

$$= \sum_{k=1}^{m} (d_k - d_{k-1}) R_i \left(C_{d_k} (\mu_\alpha, \pi_\alpha) \right) + \sum_{k=1}^{m} (d_k - d_{k-1}) R_i \left(C_{d_k} (\mu_\beta, \pi_\beta) \right)$$

$$= \sum_{k=1}^{m} (d_k - d_{k-1}) \left[R_i \left(C_{d_k} (\mu_\alpha, \pi_\alpha) \right) + R_i \left(C_{d_k} (\mu_\beta, \pi_\beta) \right) \right]$$

$$\geqslant \sum_{k=1}^{m} (d_k - d_{k-1}) \left[R_i \left(C_{d_k} (\mu_\alpha, \pi_\alpha) \cup C_{d_k} (\mu_\beta, \pi_\beta) \right) \right.$$
$$\left. + R_i \left(C_{d_k} (\mu_\alpha, \pi_\alpha) \cap C_{d_k} (\mu_\beta, \pi_\beta) \right) \right]$$

$$= \sum_{k=1}^{m} (d_k - d_{k-1}) \left[R_i \left(C_{d_k} (\mu_\alpha, \pi_\alpha) \cup C_{d_k} (\mu_\beta, \pi_\beta) \right) \right]$$
$$+ \sum_{k=1}^{m} (d_k - d_{k-1}) \left[R_i \left(C_{d_k} (\mu_\alpha, \pi_\alpha) \cap C_{d_k} (\mu_\beta, \pi_\beta) \right) \right]$$

$$= \hat{\rho} \left((\mu_\alpha, \pi_\alpha) \vee (\mu_\beta, \pi_\beta) \right) + \hat{\rho} \left((\mu_\alpha, \pi_\alpha) \wedge (\mu_\beta, \pi_\beta) \right).$$

接下来介绍秩函数的另一个性质.

定理 12.4.4　设有闭 G-V 直觉模糊拟阵 $\mathrm{IFM} = (E, \Psi)$, 其基本序列为 $0 = r_0 < r_1 < r_2 < \cdots < r_n \leqslant 1$. 令 ρ 和 $\hat{\rho}$ 是由 (12.4.1) 和 (12.4.3) 定义的, 那么 $\rho = \hat{\rho}$.

证明　令 $(\mu_\alpha, \pi_\alpha) \in \mathrm{IFS}(E)$, $\rho(\mu_\alpha, \pi_\alpha) \neq 0$. 欲证明此定理成立, 只需证明以下两个结论成立即可.

(1) 存在 $(\mu_\beta, \pi_\beta) \in \mathrm{IFS}(E)$, 使得

$$(\mu_\beta, \pi_\beta) \preccurlyeq (\mu_\alpha, \pi_\alpha) \quad \text{成立},$$

且有 $\hat{\rho}(\mu_\alpha, \pi_\alpha) = |(\mu_\beta, \pi_\beta)|$.

(2) 如果存在 $(\mu_\omega, \pi_\omega) \in \Psi$, 且 $(\mu_\omega, \pi_\omega) \preccurlyeq (\mu_\alpha, \pi_\alpha)$, 那么

$$|(\mu_\omega, \pi_\omega)| \leqslant \hat{\rho}(\mu_\alpha, \pi_\alpha).$$

首先证明 (1): 令 $R^+(\mu_\alpha, \pi_\alpha) = \{h_1, h_2, \cdots, h_k\}$, 且

$$\{a_1, a_2, \cdots, a_m\} = \{r_1, r_2, \cdots, r_n\} \cup \{h_1, h_2, \cdots, h_k\},$$

其中 $a_1 < a_2 < \cdots < a_m$, 且 $a_{j_i} = r_i (1 \leqslant i \leqslant n)$.

对于 $0 < r \leqslant 1$, 令

$$\mathrm{I}_r^\alpha = \left\{ A \in \mathrm{I}_r \,\middle|\, A \subseteq C_r\left(\mu_\alpha, \pi_\alpha\right) \right\},$$

且令 $r^* = \sup\left\{ r \,\middle|\, \mathrm{I}_r^\alpha \neq \varnothing \right\}$.

因为 $\{a_1, a_2, \cdots, a_m\} = \{r_1, r_2, \cdots, r_n\} \cup \{h_1, h_2, \cdots, h_k\}$, 由命题 12.4.1 的定义可知, 对于某个 a_{j*}, 有

$$a^* = a_{j*},$$

且 a_{j*} 满足下面性质: 对于 $a_{j*} \leqslant r_n$, 有

$$\hat{\rho}\left(\mu_\alpha, \pi_\alpha\right) = \sum_{j=1}^{j^*} q_j\left(\mu_\alpha, \pi_\alpha\right), \tag{12.4.5}$$

$\left\{ \left(\mu_\beta, \pi_\beta\right) \text{ 的 } h\text{-值域} \,\middle|\, \left(\mu_\beta, \pi_\beta\right) \prec \left(\mu_\alpha, \pi_\alpha\right), \left(\mu_\beta, \pi_\beta\right) \in \Psi \right\}$.

对于每一个 $j \leqslant j^*$, 令 $A_{a_j} \in \mathrm{I}_{a_j}^\alpha$, 使得 $\left|A_{a_j}\right| = R_i\left(A_{a_j}\left(\mu_\alpha, \pi_\alpha\right)\right)$(其中 i 是对应对 (i, j) 的第一个分量, 使得 $a_{j_{i-1}} \leqslant a_{j-1} < a_j \leqslant a_{j_i}$. R_i 是经典拟阵 $\left(E, \mathrm{I}_{r_i}\right)$ 的秩函数, 其表明 $\left|A_{a_{j*}}\right| < \left|A_{a_{j*-1}}\right| < \cdots < \left|A_{a_1}\right|$).

我们从有限序列 $\{A_{a_j}\}$ 中定义一个有限序列 $B_{a_{j*}}, B_{a_{j*-1}}, B_{a_{j*-2}}, \cdots, B_{a_1}$, 其中

$$B_{a_{j*}} \subseteq B_{a_{j*-1}} \subseteq B_{a_{j*-2}} \subseteq \cdots \subseteq B_{a_1}. \tag{12.4.6}$$

首先, 令 $B_{a_{j*}} = A_{a_{j*}}$, 且

$$B_{a_{j*-1}} = \begin{cases} B_{a_{j*}}, & \left|B_{a_{j*}}\right| = \left|A_{a_{j*-1}}\right|, \\ A'_{a_{j*}}, & \left|B_{a_{j*}}\right| < \left|A_{a_{j*-1}}\right|, \end{cases}$$

其中 $A'_{a_{j*}}$ 的定义如下.

由于 $B_{a_{j*}}$ 和 $A_{a_{j*-1}}$ 是经典拟阵 $\left(E, \mathrm{I}_{a_{j*-1}}^\alpha\right)$ 中的独立集. 设 $\left|B_{a_{j*}}\right| < \left|A_{a_{j*-1}}\right|$, 因为 $\left(E, \mathrm{I}_{a_{j*-1}}^\alpha\right)$ 是经典拟阵, 且由定义 12.2.1 的 (2) 可知, 在 $\left(E, \mathrm{I}_{a_{j*-1}}^\alpha\right)$ 中存在一个独立集 $A'_{a_{j*}}$, 使得

$$\left|A'_{a_{j*}}\right| = \left|A_{a_{j*-1}}\right|,$$

$$B_{a_{j^*}} \subseteq A'_{a_{j^*-1}}.$$

其次, 令 $B_{a_{j^*-1}} = A_{a_{j^*-1}}$, 且

$$B_{a_{j^*-2}} = \begin{cases} B_{a_{j^*-1}}, & \left|B_{a_{j^*-1}}\right| = \left|A_{a_{j^*-2}}\right|, \\ A'_{a_{j^*-1}}, & \left|B_{a_{j^*-1}}\right| < \left|A_{a_{j^*-2}}\right|, \end{cases}$$

其中 $A'_{a_{j^*-1}}$ 的定义如下: 由于 $B_{a_{j^*-1}}$ 和 $A_{a_{j^*-2}}$ 是经典拟阵 $\left(E, \mathrm{I}^{\alpha}_{a_{j^*-2}}\right)$ 中的独立集. 设 $\left|B_{a_{j^*-1}}\right| < \left|A_{a_{j^*-2}}\right|$, 因为 $\left(E, \mathrm{I}^{\alpha}_{a_{j^*-2}}\right)$ 是经典拟阵, 且由定义 2.2.2 的 (2) 可知在 $\left(E, \mathrm{I}^{\alpha}_{a_{j^*-2}}\right)$ 存在一个独立集 $A'_{a_{j^*-1}}$, 使得

$$\left|A'_{a_{j^*-1}}\right| = \left|A_{a_{j^*-2}}\right|,$$

$$B_{a_{j^*-1}} \subseteq A'_{a_{j^*-2}}.$$

重复以上步骤, 就可以得出序列 $B_{a_{j^*}}, B_{a_{j^*-1}}, B_{a_{j^*-2}}, \cdots, B_{a_1}$, 使得

$$B_{a_{j^*}} \subseteq B_{a_{j^*-1}} \subseteq B_{a_{j^*-2}} \subseteq \cdots \subseteq B_{a_1}.$$

其满足以下性质:

(a) B_{a_j} 是 $\left(E, \mathrm{I}^{\alpha}_{a_j}\right)$ 中最大的独立集;

(b) $\left|B_{a_j}\right| = R_i\left(C_{a_j}\left(\mu_\alpha, \pi_\alpha\right)\right)$, 其中 (i,j) 是对应对, 使得

$$a_{j_{i-1}} \leqslant a_{j-1} < a_j \leqslant a_{j_i}.$$

对于任意 $j(1 \leqslant j \leqslant j^*)$, 令直觉模糊集 $\left(\mu_{\beta_j}, \pi_{\beta_j}\right)$ 是通过 $\mathrm{supp}(\mu_{\beta_j}, \pi_{\beta_j}) = B_{a_j}$ 与 $R^+\left(\mu_{\beta_j}, \pi_{\beta_j}\right) = \{a_j\}$ 定义的. 令

$$\left(\mu_\beta, \pi_\beta\right) = \left(\mu_{\beta_1}, \pi_{\beta_1}\right) \vee \left(\mu_{\beta_2}, \pi_{\beta_2}\right) \vee \cdots \vee \left(\mu_{\beta_{j^*}}, \pi_{\beta_{j^*}}\right). \tag{12.4.7}$$

显然地, $(\mu_\beta, \pi_\beta) \preccurlyeq (\mu_\alpha, \pi_\alpha)$ 且 $(\mu_\beta, \pi_\beta) \in \Psi^*$.

由定理 12.3.3 可知, $(\mu_\beta, \pi_\beta) \in \Psi$ 且

$$\left|(\mu_\beta, \pi_\beta)\right| = \sum_{j=1}^{j^*} (a_j - a_{j-1}) \left|B_{a_j}\right|. \tag{12.4.8}$$

因此, 由 (b), (12.4.2), (12.4.5) 以及 (12.4.8) 可知, $\hat{\rho}(\mu_\alpha, \pi_\alpha) = |(\mu_\beta, \pi_\beta)|$ 成立.

接下来将证明 (2) 成立.

设 $(\mu_\omega, \pi_\omega) \in \Psi$, 且 $(\mu_\omega, \pi_\omega) \preccurlyeq (\mu_\alpha, \pi_\alpha)$. 如果 $r \neq 0$, 且 $C_r(\mu_\omega, \pi_\omega) \neq \varnothing$, 那么 $0 < r \leqslant a_{j^*}$. 因此存在一个 $j(1 \leqslant j \leqslant j^*)$, 使得 $a_{j-1} < r \leqslant a_j$(其中 $a_0 = 0$).

如果 $a_{j-1} < r \leqslant a_j (1 \leqslant j \leqslant j^*)$, 那么由 (b) 与 (12.4.7) 可知, 对于每一个 r 有

$$C_r(\mu_\omega, \pi_\omega) \leqslant |B_{a_j}| = |C_r(\mu_\beta, \pi_\beta)|,$$

使得 $C_r(\mu_\omega, \pi_\omega) \neq \varnothing$. 这表明 $|(\mu_\omega, \pi_\omega)| \leqslant |(\mu_\beta, \pi_\beta)| = \hat{\rho}(\mu_\alpha, \pi_\alpha)$. 故结论成立.

由上述证明过程, 可以得出以下推论.

推论 12.4.1 设有 G-V 直觉模糊拟阵为 IFM $= (E, \Psi)$, $(\mu_\alpha, \pi_\alpha) \in$ IFS (E), 那么, $(\mu_\alpha, \pi_\alpha) \in \Psi$ 成立当且仅当对于任意 $r \in R^+(\mu_\alpha, \pi_\alpha)$, 有

$$C_r(\mu_\alpha, \pi_\alpha) \in \mathrm{I}_r.$$

参 考 文 献

[1] Whitney H. On the abstract properties of linear dependence. American Journal of Mathematical Society, 1935, 57: 509-533.

[2] Welsh D J A. Matroid Theory. London: Academic Press, 1976.

[3] White N. Theory of Matroids. Cambridge: Cambridge University Press, 1986.

[4] 刘桂真, 陈庆华. 拟阵. 长沙: 国防科技大学出版社, 1994.

[5] 赖虹建. 拟阵论. 北京: 高等教育出版社, 2002.

[6] Shi F G. A new approach to the fuzzification of matroids. Fuzzy Sets and Systems, 2009, 160: 696-705.

[7] Shi F G. (L, M)-fuzzy matroids. Fuzzy Sets and Systems, 2009, 160: 2387-2400.

[8] Zhu W, Wang S P. Matroidal approaches to generalized rough sets based on relations. International Journal of Machine Learning and Cybernetics, 2011, 2: 273-279.

[9] Al-Hawary T A. Fuzzy C-flats. Fasciculi Mathematici, 2012, 50(11): 5-15.

[10] Zadeh L A. Fuzzy sets. Inform. Control, 1965, 8: 338-353.

[11] Atanassov K T. Intuitionistic fuzzy sets. Fuzzy Sets and Systems, 1986, 20(1): 87-96.

[12] Goetschel R, Voxman W. Fuzzy matroids. Fuzzy Sets and Systems, 1988, 27: 291-302.

[13] Goetschel R, Voxman W. Bases of fuzzy matroids. Fuzzy Sets and Systems, 1989, 31: 253-261.

[14] Goetschel R, Voxman W. Fuzzy circuits. Fuzzy Sets and Systems, 1989, 32: 35-43.

[15] Goetschel R, Voxman W. Fuzzy rank functions. Fuzzy Sets and Systems, 1991, 42: 245-258.

[16] Goetschel R, Voxman W. Fuzzy matroids and a greedy algorithm. Fuzzy Sets and Systems, 1990, 37: 201-213.

[17] Goetschel R, Voxman W. Fuzzy matroid structures. Fuzzy Sets and Systems, 1991, 41(3): 343-357.

[18] Li Y H, Li J. The tree structure of a closed G-V fuzzy matroid. Journal of Intelligent & Fuzzy Systems, 2019, 36(3): 2457-2464.

[19] 吴德垠, 王彭. 关于模糊截短列拟阵的研究. 模糊系统与数学, 2016(5): 125-131.

[20] Li Y H, Shi Y J, Liu Y B. An algorithm research of the rank of fuzzy circuits. 2015 12th International Conference on Fuzzy Systems and Knowledge Discovery (FSKD) IEEE, 2015.

[21] 张贤敏, 吴德垠. 模糊子模函数与模糊秩函数. 模糊系统与数学, 2007(5)：76-82.

[22] Li Y H, Xian S D, Qiu D. An improved algorithm of fuzzy circuit for closed fuzzy matroids. Eighth International Conference on Fuzzy Systems & Knowledge Discovery IEEE, 2011.

[23] 李永红, 刘宴兵, 石庆喜. 模糊圈的秩. 西南师范大学学报 (自然科学版), 2009, 34(3): 21-23.

[24] 李永红, 杨春德, 吴德垠. 闭模糊拟阵模糊圈的算法研究. 纯粹数学与应用数学, 2008, 24(1): 155-160.

[25] 吴德垠, 张忠. 研究模糊拟阵的一种新方法. 模糊系统与数学, 2018(4): 24-31.

[26] 李永红, 张忠, 刘志花. 闭正规模糊拟阵的基本序列. 重庆大学学报 (自然科学版), 2007, 30(2): 139-141.

[27] 余磊, 吴德垠, 李永红. 闭正规模糊拟阵的基与圈. 四川大学学报 (自然科学版), 2008, 45(5): 1014-1018.

[28] 吴德垠, 李永红, 余磊, 等. 闭模糊拟阵模糊基的判定. 模糊系统与数学, 2006, 20(5): 54-58.

[29] 吴德垠, 刘志花, 李永红. 模糊拟阵闭集的结构. 重庆大学学报 (自然科学版), 2007, 30(7): 138-143.

[30] 刘志花, 吴德垠, 李斌. 模糊拟阵闭集的性质. 山西师范大学学报 (自然科学版), 2007(1): 48-52.

[31] 吴德垠. 闭正规模糊拟阵的模糊基集特征. 重庆大学学报 (自然科学版), 1996, 19(2): 30-35.

[32] Li Y H, Shi Y J, Liu Y B, et al. An algorithm of the rank of a dependent fuzzy set. Journal of Discrete Mathematical Sciences and Cryptography, 2017, 20(8): 1775-1791.

[33] 吴德垠. 模糊图拟阵. 重庆大学学报 (自然科学版), 1996, 19(4): 44-48.

[34] 吴德垠, 李传东. 模糊拟阵中模糊闭包算子的特征. 重庆大学学报 (自然科学版), 2002(1): 130-133.

[35] 李传东, 吴德垠. 模糊拟阵的对偶及超平面. 重庆大学学报 (自然科学版), 2002, 25(4): 116-119.

[36] 李传东, 吴德垠. 模糊子拟阵. 重庆大学学报 (自然科学版), 2004, 27(2): 68-72.

[37] 刘文斌. 模糊拟阵的表示与和. 模糊系统与数学, 2003, 17(3): 90-94.

[38] Zhang Z, Li C D, Wu D Y. Properties of fuzzy hyperplanes. Journal of Chongqing University(English Edition), 2004, 3(1): 102-104.

[39] 吴德垠. 一个准模糊图拟阵的新特征. 西南大学学报 (自然科学版), 2018(2): 35-39.

[40] 吴德垠. 准模糊图拟阵. 重庆大学学报 (自然科学版), 1996, 19(5): 100-109.

[41] 夏军, 吴德垠, 陈娟娟. 准模糊图拟阵基的性质. 重庆师范大学学报 (自然科学版), 2013(2): 56-59.

[42] 李永红, 吴德垠, 张贤敏. 闭模糊拟阵模糊圈的充要条件. 重庆大学学报 (自然科学版), 2007, 30(6): 137-139, 154.

[43] 张贤敏, 吴德垠. 模糊拟阵基集的一些特征. 四川理工学院学报 (自然科学版), 2007(3): 22-24.

[44] Li Y H, Shi Y J, Qiu D. The Research of the Closed Fuzzy Matroids. Journal of Mathematics and Informatics, 2014, 2: 17-23.

[45] 向慧芬, 吴德垠, 李传东. 模糊拟阵的和及其性质. 重庆大学学报 (自然科学版), 2005(5): 102-105.

[46] 吴德垠. 关于模糊拟阵的独立模糊集生成问题的一些结果. 模糊系统与数学, 2018(5): 1-8.

[47] 徐建华, 李永红, 余磊. 模糊圈拟阵的网络流问题. 科技经济市场, 2006(5): 19-20.

[48] 吴德垠, 王彭. 关于模糊截短列拟阵的研究. 模糊系统与数学, 2016(5): 125-131.

[49] 吴德垠. 一个准模糊图拟阵的新特征. 西南大学学报 (自然科学版), 2018(2): 35-39.

[50] Li Y H, Li J, Duan H , Qiu D. A generalization of G-V fuzzy matroids based on intuitionistic fuzzy sets.Journal of Intelligent and Fuzzy Systems, 2019, 37(4): 5049-5060.

索　引